誠信領導對下屬
主動行為影響機理研究

崔子龍 ◯ 著

LD

財經錢線

前　言

　　人力資源作為一種主動性資源，能夠有目的、有意識地進行活動，能動性地認識與改造自然。傳統的人力資源管理認為員工應該適應、服從工作特徵，人力資源管理以工作說明書為依據，員工的工作內容以工作職責為基礎，員工在工作中消極、被動地接受工作任務。然而知識經濟時代的到來給組織帶來越來越多的不確定性，組織外部環境也越來越具有複雜性和動態性。在這種情景下，傳統的靜態管理模式顯然已無法解決組織所面臨的所有問題。組織如果希望能在激烈的動態競爭環境中取勝，以遵從任務說明書、遵守指示和指令的工作模式已經遠遠不夠。這需要員工在工作中能夠主動感知環境並對外界環境加以改造，在工作中主動建言獻策，提出改善工作場所的方法和策略。這也說明人力資源管理模式已逐漸從「以事為本」轉向為「以人為本」的管理模式，員工在工作場所中體現的主動性應該成為員工的重要績效行為特徵，而如何激發和促進員工在工作中實施更多的主動行為應該成為知識經濟時代人力資源管理的重心。

　　中國市場經濟正處在高速發展階段，但長期受計劃經濟體制管理方式的影響，企業較多採取集權型命令式管理方式，造成員工主動做事、主動擔責的行為在工作場所非常匱乏，工作積極性與主動性得不到充分發揮。中國尊卑上下、忠孝順從的傳統文化也在一定程度上制約著個體的主動性，依從於傳統文化的員工會更多地顧及同事及領導的感受，工作中表達觀點含蓄而委婉。因此，如何在既定的中國文化背景下激發和促進員工工作中的主動行為是富有較高理論價值和現實意義的命題。領導是激勵員工提升企業績效的重要管理要素。已有的研究證實，領導對下屬的主動行為具有顯著影響，特別是具有積極支持性特徵的領導風格更有利於下屬實施主動行為。誠信領導作為所有積極領導方式的源構念，隨著積極組織行為學的研究已逐漸成為領導風格研究的熱點，其對下屬的態度和行為有顯著的積極作用。而誠信領導是否能夠有效地激勵下屬在工作場所中的工作積

極性並促進其實施主動行為尚缺乏相關研究，誠信領導對下屬主動行為影響的內在機理也有待深入探討。基於此，本研究將中國文化背景下誠信領導對下屬主動行為的影響機理作為研究中心。

本研究在文獻總結梳理和分析的基礎上，依據資源理論、自我決定理論及認知-情感個性系統理論等理論，從員工的個體層面出發，構建「誠信領導-心理資本-主動行為」理論模型及相關假設。在借鑒國內外相關研究的成熟測量量表的基礎上，編制測量問卷，通過深度訪談、小樣本測試及專家研討的方式對初始問卷進行修正，形成最終調查問卷。通過收集有效問卷470份，並採用SPSS和AMOS等統計軟件對以上數據進行實證分析。在確保問卷信度、效度及對共同方法偏差進行控制的前提下進行大樣本的實證檢驗，主要得出了以下結論：

（1）明確了誠信領導風格對下屬主動行為的積極影響。現有研究中關於領導風格與下屬主動行為的關係未能得到該結論。本研究證實，在控制了人口統計因素的基礎上，誠信型領導風格對下屬的主動行為具有較強的解釋力（$\beta=0.69$，$Sig.=0.00$），其中誠信領導各維度中，關係透明維度對主動行為有顯著正向影響（$\beta=0.43$，$Sig.=0.00$），內化道德對主動行為有顯著的正向影響（$\beta=0.16$，$Sig.=0.05$），平衡處理對主動行為有顯著的正向影響（$\beta=0.20$，$Sig.=0.05$）。這證實了誠信領導作為所有積極領導方式的根源，其對下屬工作態度及行為有著積極的影響。誠信領導自信、真實並支持下屬積極自我調節，這使得下屬在工作中「敢於說話」「主動做事」。

（2）驗證了心理資本在誠信領導與下屬主動行為間的仲介效應。本研究基於資源理論研究視角，提出主動行為的目標調節過程需要充足的心理資源作為支撐，誠信領導可以賦予下屬心理資本進而促進下屬在工作中的主動性。本研究的實證分析證明，心理資本作為個體的重要心理資源，能夠有效地預測和解釋其工作中的主動行為。實證研究結果顯示，心理資本對主動行為有顯著正向影響（$\beta=0.58$，$Sig.=0.00$）。誠信領導能夠賦予下屬以信心、希望，提升下屬戰勝困難的韌性，進而促進下屬在工作中的主動性。實證研究結果顯示，心理資本在誠信領導與下屬主動行為之間起到了仲介橋樑的作用，仲介效應占總效應的比重約為54%。實證研究結果還證實了心理資本各維度中的自信、希望在誠信領導與下屬主動行為之間起到了仲介橋樑的作用。

（3）驗證了同事支持感、傳統性等情景因素在心理資本與主動行為間的調節作用。本研究引入了同事支持感與傳統性這兩個對主動行為有潛在影響的變量。一方面證實了主動行為作為風險的變革行為，將可能破壞人

際和諧，所以個體在實施主動行為前感知同事支持非常必要。實證研究結果顯示，同事支持感與主動行為呈顯著正相關關係（$\beta = 0.21$, $Sig. = 0.05$），並在心理資本與主動行為之間呈顯著的正向調節作用。而另一方面，個體在中國文化的浸潤下，其行為雖然要滿足其內心體驗，但在外在的眾多不成文的規範的約束下，個體會努力約束自己的行為以符合社會的要求，以尊卑上下、忠孝順從為代表的傳統性往往會對個體實施主動行為產生抑制作用。本書的實證研究結果顯示，傳統性與主動行為呈顯著負相關關係（$\beta = -0.23$, $Sig. = 0.05$），並在心理資本與主動行為之間起負向調節作用。

本研究以企業員工為主要研究對象，基於積極心理學及資源理論視角構建誠信領導對下屬主動行為的影響機制，拓展誠信領導與主動行為的研究。本研究的主要創新點體現在以下三個方面：

（1）基於資源理論揭示了誠信領導對下屬主動行為影響的內在機制，拓寬了誠信領導與主動行為的研究視角。

一直以來，對於主動行為的研究，學者往往將揭示個體實施主動行為的心理機制作為研究的重點，Bindl 和 Parker（2009）則基於認知過程和情感過程闡釋主動行為的產生機理，在一定程度上整合了主動行為的研究。而本研究基於 Baumeister（2000）提到的自我控制資源理論，將心理資本置於誠信領導與下屬主動行為仲介機制之中。一方面，驗證了主動行為作為自我調節的過程需要能量的參與，而資源水平的高低實際影響了自我調節的成功與否。另一方面，心理資本作為積極組織行為學的核心構念，本研究通過對心理資本對主動行為積極影響關係的驗證，將主動行為納入積極組織行為研究範疇之中，拓展了積極組織行為研究的邊界，這形成本研究在研究視角上的創新。

（2）將代表中國傳統文化因素的傳統性引入研究框架中，揭示了誠信領導發揮作用的邊界條件。

誠信領導與主動行為作為在西方管理情景下提出的構念，具有深刻的文化背景，而理論研究中誠信領導與主動行為的文化情景適應性都成為現階段研究中亟待解決的問題，在中國特殊的文化情景下，中國企業的管理若完全照搬西方的管理實踐將水土不服。本研究證實了尊卑上下、忠孝順從的中國傳統文化對誠信領導與下屬主動行為關係的影響，驗證了下屬傳統性通過調節心理資本與下屬主動行為關係進而影響誠信領導對下屬主動行為的作用機制，深入揭示了誠信領導與下屬主動行為有效性的情景因素。

（3）通過構建誠信領導對主動行為的影響機制模型，拓展了誠信領導對下屬的影響效果。

主動行為由於其豐富的內涵及特徵已經逐漸成為組織行為研究的熱點，但相對於國外的研究，目前國內對於主動行為的研究尚處於起步階段。在針對領導對下屬主動行為影響的研究中，已有的研究雖已證實了變革型領導及授權型領導可以有效地激發下屬工作中的主動性，但作為所有積極領導形式的「根源構念」的誠信領導風格是否能夠積極影響下屬實施主動行為尚未得到理論研究的證實。基於此，本研究立足於中國企業的管理情景，首次驗證了誠信領導對下屬主動行為的積極影響，這將深化誠信領導對下屬行為的影響機制，充實誠信領導及主動行為的相關理論，對誠信領導的領導效能及工作場所主動行為的本土化研究具有積極貢獻。

在結論和建議方面，本研究總結並闡述了研究結論，提出了在企業內部人力資源管理實踐中通過能量管理、多樣化管理及角色管理等措施以期在轉變企業內部領導風格的同時為企業人力資源管理實踐提供指導。本書最後提到了研究中存在的不足並對未來的研究進行了展望。

目 錄

1 緒論 / 1
    1.1 研究背景 / 1
        1.1.1 現實背景 / 1
        1.1.2 理論背景 / 3
    1.2 研究意義 / 4
        1.2.1 現實意義 / 4
        1.2.2 理論意義 / 5
    1.3 研究內容及方法 / 6
        1.3.1 研究內容 / 6
        1.3.2 研究對象 / 7
        1.3.3 研究方法 / 7
    1.4 研究路線 / 9
    1.5 章節安排 / 11
    1.6 研究創新點 / 12

2 文獻綜述與相關理論 / 14
    2.1 誠信領導文獻綜述 / 14
        2.1.1 誠信領導的提出 / 14
        2.1.2 誠信領導的內涵 / 15
        2.1.3 誠信領導的測量 / 23

2.1.4　誠信領導的前因和後果 / 24
　　　2.1.5　誠信領導的作用機制 / 27
　　　2.1.6　誠信領導與下屬心理資本和主動行為之間的關係 / 28
　　　2.1.7　小結 / 29
　2.2　主動行為文獻綜述 / 29
　　　2.2.1　主動行為的提出 / 29
　　　2.2.2　主動行為的內涵 / 30
　　　2.2.3　主動行為概念辨析 / 32
　　　2.2.4　主動行為的測量 / 33
　　　2.2.5　主動行為產生機理 / 35
　　　2.2.6　主動行為的前因和結果 / 38
　　　2.2.7　小結 / 41
　2.3　心理資本文獻綜述 / 42
　　　2.3.1　心理資本的提出 / 42
　　　2.3.2　心理資本的內涵 / 43
　　　2.3.3　心理資本的維度 / 45
　　　2.3.4　心理資本的測量 / 46
　　　2.3.5　心理資本的實證研究 / 47
　　　2.3.6　心理資本與主動行為之間關係的研究 / 48
　　　2.3.7　小結 / 48
　2.4　傳統性文獻綜述 / 49
　　　2.4.1　傳統性的提出 / 49
　　　2.4.2　傳統性的內涵 / 50
　　　2.4.3　傳統性的測量 / 50
　　　2.4.4　傳統性的調節效應 / 51
　　　2.4.5　小結 / 53

- 2.5 同事支持感文獻綜述 / 54
  - 2.5.1 同事支持感的提出 / 54
  - 2.5.2 同事支持感的內涵 / 54
  - 2.5.3 同事支持感概念的辨析 / 55
  - 2.5.4 同事支持感的作用機理 / 55
  - 2.5.5 小結 / 56
- 2.6 相關理論 / 57
  - 2.6.1 資源理論 / 57
  - 2.6.2 認知-情感個性系統理論 / 60
  - 2.6.3 自我決定理論 / 61
- 2.7 本章小結 / 62

3 理論模型與研究假設 / 64
- 3.1 理論模型的推演及形成 / 64
- 3.2 研究假設 / 66
  - 3.2.1 誠信領導對下屬主動行為的影響的主效應 / 66
  - 3.2.2 心理資本在誠信領導與下屬主動行為間的仲介效應 / 68
  - 3.2.3 同事支持感與下屬傳統性的調節效應 / 74
- 3.3 研究假設匯總 / 77
- 3.4 本章小結 / 78

4 研究設計 / 79
- 4.1 變量操作性定義 / 79
  - 4.1.1 自變量：誠信領導 / 79
  - 4.1.2 仲介變量：心理資本 / 80
  - 4.1.3 調節變量 / 80
  - 4.1.4 因變量：主動行為 / 80
- 4.2 問卷設計 / 81

4.2.1　問卷設計原則 / 81
　　　4.2.2　問卷設計過程 / 81
　　　4.2.3　社會讚許性偏差處理 / 82
　　　4.2.4　共同方法偏差處理 / 83
　4.3　變量相關測量量表 / 83
　　　4.3.1　誠信領導測量量表 / 83
　　　4.3.2　心理資本測量量表 / 84
　　　4.3.3　主動行為測量量表 / 85
　　　4.3.4　傳統性測量量表 / 86
　　　4.3.5　同事支持感測量量表 / 87
　　　4.3.6　控制變量 / 87
　4.4　深度訪談 / 87
　　　4.4.1　訪談目的 / 88
　　　4.4.2　訪談對象選取 / 88
　　　4.4.3　訪談資料收集 / 88
　　　4.4.4　訪談資料整理 / 90
　4.5　預調研 / 92
　　　4.5.1　預調研樣本描述 / 92
　　　4.5.2　預調研分析方法 / 94
　　　4.5.3　預測試分析結果 / 95
　　　4.5.4　初始量表修正與調整 / 103
　4.6　本章小結 / 104

5　問卷調查分析與結果 / 105
　5.1　數據收集與分析方法 / 105
　5.2　樣本描述 / 106
　5.3　數據質量評估 / 108

  5.3.1 峰度檢驗 / 108

  5.3.2 共同方法偏差檢驗 / 110

  5.3.3 缺失值的處理 / 112

  5.3.4 測量量表信度分析 / 112

  5.3.5 測量量表效度分析 / 112

5.4 人口統計學變量對心理資本及主動行為的影響分析 / 121

  5.4.1 人口統計學變量對主動行為的影響 / 121

  5.4.2 人口統計學變量對心理資本的影響 / 125

5.5 相關性分析 / 129

5.6 假設檢驗 / 129

  5.6.1 假設檢驗方法選擇 / 129

  5.6.2 誠信領導對下屬主動行為的直接效應假設檢驗 / 132

  5.6.3 心理資本在誠信領導與下屬主動行為間的仲介效應檢驗 / 135

  5.6.4 同事支持感及傳統性的調節效應檢驗 / 149

5.7 本章小結 / 153

6 研究結論與展望 / 154

6.1 假設檢驗結果匯總 / 154

6.2 結論與討論 / 155

  6.2.1 驗證了誠信領導能夠有效激發下屬實施主動行為 / 155

  6.2.2 驗證了心理資本在誠信領導與主動行為間的仲介作用 / 157

  6.2.3 驗證了同事支持感在心理資本與主動行為間的調節作用 / 159

  6.2.4 驗證了傳統性在心理資本與主動行為間的調節作用 / 160

  6.2.5 驗證了人口統計變量對主動行為的影響 / 161

6.3 管理啟示與建議 / 161

    6.3.1 轉變領導者的領導風格，開發誠信領導方式 / 161

    6.3.2 推行員工能量管理計劃，開發員工的心理資本 / 162

    6.3.3 充分利用員工的傳統性，實施多樣化管理措施 / 163

    6.3.4 逐步建立基於角色定位的人力資源管理製度 / 164

    6.3.5 倡導團隊合作精神，構建信任型組織氛圍 / 164

6.4 研究局限與展望 / 165

    6.4.1 完善誠信領導與主動行為的測量方式 / 165

    6.4.2 對誠信領導及主動行為進行縱向研究 / 166

    6.4.3 拓展誠信領導與主動行為的後效研究 / 166

    6.4.4 誠信領導與主動行為的跨層次研究 / 167

6.5 本章小結 / 167

參考文獻 / 168

附錄 / 184

1 緒論

1.1 研究背景

1.1.1 現實背景

傳統的人力資源管理基於 Hackman 和 Oldham（1976）提出的工作特徵模型，認為員工需要適應工作特徵，只有這樣才能產生高的績效。因此，人力資源管理的各項實踐活動往往以工作說明書為依據。在這種背景下，員工的工作模式是消極、被動的任務模式。知識經濟時代的到來給組織帶來越來越多的不確定性及動態性，僅依靠傳統的管理模式將很難處理複雜的外部問題。組織如果希望能在激烈的動態競爭環境中取勝，需要員工以積極主動的方式工作。Frese（2008）曾指出，現階段員工僅僅遵從任務說明書、遵守指示和指令的工作模式已經遠遠不夠，當前組織的分散化、創新要求的提高以及不確定性的增強，使得主動性工作行為顯得越來越重要。20 世紀 90 年代，Bateman 和 Crant（1993）在探討組織行為中的主動性成分時通過主動性人格來界定員工在組織中的主動行為。Griffin 等（2007）也提出主動行為具有積極績效特徵，其對於組織效率的意義重大。正如鮑伯·尼爾森在其暢銷書《不要只做我告訴你的事，請做需要做的事》中所提到的：每一位雇主心中都對員工有一種最強烈的期望，不要只做我告訴你的事，運用你的判斷和努力，為公司的利益去做需要做的事[①]。而美國能源業巨頭安然公司（Enron）的倒塌印證了員工主動行為對組織

---

① 鮑伯·尼爾森. 不要只做我告訴你的事，請做需要做的事 [M]. 馮軍，譯. 杭州：浙江大學出版社，2012.

的重要性。安然公司破產前,一些員工雖然擔憂企業從事的風險極高的金融活動,但員工顯然都不敢或不願把這些情況匯報給管理者,導致安然公司的風險激增,最終壓垮公司以致破產。組織中員工實施主動行為的現象不勝枚舉,員工在工作場所中不僅僅是被動地接受任務,他們也會主動感知環境並對外界環境加以改造。例如,新員工在入職後會主動構建人際網路以及同事關係,也會積極收集並搜尋工作與組織內的相關信息以減少剛入職的不確定性;員工也會在工作中主動建言獻策,提出改善工作效率的方法和策略;員工在工作中對工作情況進行主動掌控並積極預防可能發生的問題;企業的經理人主動對外界環境進行積極監視與掃描以解決企業可能發生的外部危機;員工主動對自我的職業生涯進行規劃管理以實現其職業生涯的發展。因此,現階段的企業管理實踐中,管理的重點應從對員工服從及忠誠的要求轉向如何激勵員工敬業、主動。

中國市場經濟正處於高速發展階段,企業面臨的環境日益多變。中國企業內部往往採用傳統集權型的管理模式,員工工作中需要時刻以上級命令或指令為依據,主動做事、主動解決問題以及高度敬業的員工並不常見。員工的主動性不高,其潛力沒有得到充分的挖掘。當然,在高權力距離文化情景下的中國,順從忠孝、尊卑有序是中國傳統文化的特徵,中國人在說話做事時委婉而含蓄,講求中庸,也會更多地顧及周圍人的感受。在這種文化背景下,主動行為有可能遭到領導或同事的錯誤歸因,會被認為是出風頭的表現而無法得到認同。因此,如何在中國特殊的文化情景下激發員工的主動行為對於管理實踐非常重要。在企業管理實踐中,有效的領導方式和領導行為是激勵員工提升企業績效的重要管理要素,領導者可以使用不同的策略影響下屬以幫助團隊及組織達成目標和願景。領導對下屬的主動行為有著顯著影響,一些具有積極支持性特徵的領導支持、鼓勵下屬實施主動行為,如鼓勵下屬主動創新並支持大家暢所欲言、賦予下屬一定的權限以方便下屬主動掌控其工作。當然,在中國的高權力距離文化情景下,很多員工都認為「多干不如少干」,主動承擔職責將很可能遭到領導及同事的排擠而面臨極大的風險。這需要下屬在實施主動行為時獲取與領導間的相互信任,否則,一些主動行為可能會偏離組織規範和上司期望而得不到領導的認可,甚至一些員工覺得領導「當面一套,背後一套」,以致不敢在工作中實施主動行為,即使實施主動行為也害怕領導認為這是一種「奉承」。可以看出,若領導具備較高的自身修養及誠信水平,則下

屬將更「敢」於在工作中實施主動行為。而從中國的傳統文化來看，誠信及道德一直是中國傳統文化對領導的要求，「修己安人」是管理者的一項基本的道德原則和規範。近年來，西方誠信領導理論的發展為探索何種領導風格能夠積極影響下屬的主動行為開闢了新的思路，誠信領導是否會「修己安人」並是否對下屬的積極心理及主動行為產生影響值得進行深入的探究。

1.1.2 理論背景

一方面，工作場所中的主動行為的研究已經逐漸成為組織行為研究的一個重要方向，其研究成果不斷出現在管理及組織行為權威刊物上。1998—2013年的這個時間段裡，國際重要刊物如《管理學會雜誌》（*Academy of Management Journal*）、《管理學會評論》（*Academy of Management Review*）、《應用心理學雜誌》（*Journal of Applied Psychology*）、《組織科學》（*Organization Science*）、《組織行為學》（*Journal of Organizational Behavior*）等刊物已經發表77篇重要文獻。從理論發展來看，對於組織內個體行為的解釋，傳統的刺激-反應理論將人的行為界定為對外界事物認知後的反應，基於這種觀點的激勵理論認為，在缺乏外界刺激的情況下，個體行為將失去動力或缺乏方向感。從Locke等（1990）提出的目標設置理論來看，傳統的激勵理論都將員工行為假定為對外界管理環境或管理措施的消極應對，這將忽視個體內在的動機、情緒、目標等心理機制發揮的作用。20世紀60年代以來，期望理論、需求層次理論及自我決定理論等認知理論相繼出現，其觀點均拋棄了個體消極行為的假設，特別強調個體心理加工機制對其行為的影響。相對於國外的研究，國內針對主動行為的研究尚處於起步階段，在2000—2011年僅有7篇相關文獻。從國內外的研究來看，雖然Parker和Bindl（2010）已經基於認知過程和情感過程闡釋了主動行為的產生機理，但主動行為研究領域依然存在著廣泛爭議，特別是主動行為的激發因素及產生機理仍有待深入探究。

另一方面，積極心理學的發展促進了組織行為研究更多地關注於個體的積極心理能力，以處於平均狀態的普通人作為研究對象，積極心理學採用更加開放及讚賞性的目光來看待個體的潛能、動機和能力等。時任美國心理學會主席賽里格曼便提出，研究積極心理學是要幫助人們過上更積極健康、更為快樂的生活。積極心理學的發展促進了組織行為研究更多地關注於人的積

極優勢和心理能力的驅動。積極組織行為學（Positive Organizational Behavior, POB）的研究及相關理論汲取了積極心理學的研究成果，在人本主義思潮以及人類潛能開發思想的影響下，積極組織行為學的提出受到積極心理學理論的影響，在研究中關注個體的積極心理及積極優勢。積極組織行為學不斷促使將員工的積極行為作為研究熱點，如誠信領導、敬業度、心理資本、工作旺盛感、流體驗、工作激情等員工的積極態度和行為。誠信領導誠實、真實可靠、忠於自己，會與下屬構建真實的關係，被認為是所有積極領導形式的「源構念」（Avolio & Gardner, 2005），對個體、團隊和組織的積極作用明顯。本研究將誠信領導是否有益於下屬實施主動行為作為研究主線，符合現階段組織行為學研究的發展趨勢，在理論上既豐富了主動行為的研究成果，也拓寬了積極組織行為的研究視角。

1.2 研究意義

1.2.1 現實意義

隨著組織面臨的不確定性的日益增加，對於身處充滿競爭的產業環境和不斷適應外部環境的企業來說，如何建立經久不衰的組織是組織內部管理的關鍵。一方面，企業應該提升其內部的核心競爭能力，而人力資源作為企業的一項核心能力，隨著組織結構的日益扁平化趨勢，技術更新速度越來越快，不確定性日益增多，對創新的要求越來越高，這就導致傳統的按照工作說明書的人力資源管理模式已遠遠不夠。在動態的環境中，員工需要以積極主動的工作方式加以應對，例如：主動發現工作中的問題、彈性地應對顧客的需求、主動提出建設性的意見或產生新的思想並加以實施。員工的主動行為對組織已經顯得越發重要。另一方面，領導作為組織的政策制定者和戰略方向的引領者，其誠信對於整個組織生存具有更加重大而深遠的意義。自安然和世界電信等西方企業爆出的公司醜聞引發了人們對企業管理者的信任危機以來，西方學者已經認識到領導的誠信對於組織的重要性。美敦力公司總裁 George（2003）也提到誠信領導是建立經久不衰組織的關鍵。中國現階段處於經濟轉型期，社會整體誠信水平較低，在組織內部也經常出現領導者缺乏誠信、領導者與下屬之間缺乏相互信任

的情況，這也導致了員工在工作中抱有「能少干則少干」的想法，員工對領導說假話、做面子事，員工在工作中缺乏積極主動性。因此，深入研究誠信領導對下屬主動行為的影響有著極為顯著的現實意義，主要體現在以下三個方面：

（1）揭示誠信領導是影響下屬實施主動行為的重要原因

為中國文化情景下領導者如何提升下屬主動性提供了一個重要的方向，既有利於領導者審視其領導風格，促進領導風格的轉變；同時，也有利於通過開發領導的真實誠信以濡染下屬和員工，激發下屬工作中的主動性從而提高企業效率，增強企業核心競爭力。

（2）揭示誠信領導對下屬主動行為的影響

這有利於掌握員工在實施主動行為時的心理因素，指導企業在人力資源管理中強化培訓機制。心理資本可以進行管理和開發，因此，組織可以採取一定的措施和方法來提升員工積極的心理狀態，進而有利於通過提升員工的心理資本以激發員工工作中的主動性。

（3）重視組織內部人際支持與員工個性的作用

本研究識別出同事支持感與傳統性對誠信領導作用機制的調節作用，這意味著管理中不應完全對西方的管理方式進行照搬，否則將水土不服。因此，在管理中更應該引入情景權變的觀點，提升組織內部人際和諧度的同時需要考慮中國組織員工的傳統性。傳統性雖然可能有一定的消極作用，但完全消除其影響是不可能的，因此，管理實踐中應該重視員工的個性並加以合理地開發利用。

1.2.2 理論意義

知識經濟時代給組織帶來的不確定性及動態性需要員工在工作方式中積極而主動，工作場所的主動行為逐漸成為組織行為研究的熱點。而另一方面，知識經濟時代帶來的獨特壓力呼喚一種新的領導方式來激發員工的工作主動性。誠信領導作為所有積極領導風格的源構念，對下屬實施主動行為有著積極而顯著的影響，深入探索誠信領導對下屬主動行為的影響機制具有重大的理論意義。

（1）將主動行為引入積極組織行為學研究視角

現有針對主動行為的研究往往基於 Bindl 和 Parker 的研究框架來探討主動行為的內在機理，並未將主動行為納入積極組織行為研究視角之中。

本研究將心理資本作為員工實施主動行為的重要心理資源，將積極組織行為學中的誠信領導作為下屬實施主動行為的重要前因變量，這將拓寬主動行為的研究視角，深化工作場所主動行為理論。

（2）豐富誠信領導風格理論

現有的研究以 Luthans 和 Avolio（2003）的研究為基礎，探討誠信領導與員工工作態度、行為及工作績效之間的關係，但對於誠信領導如何有效影響下屬的主動行為的研究尚處於空白。本研究通過探索誠信領導對下屬主動行為的影響機理來完善誠信領導理論，也在一定程度上驗證了中國傳統文化提倡的「修己安人」這一觀點。

（3）發現影響理論構念關係新因素

國內針對誠信領導、主動行為的研究才剛剛起步，以往的研究中對誠信領導及下屬主動行為兩個構念的情景因素的研究較少。本研究將同事支持感與下屬的傳統性作為誠信領導與主動行為仲介效應的調節機制，在一定程度上完善了誠信領導與主動行為的相關理論。

1.3 研究內容及方法

1.3.1 研究內容

本研究借鑑和運用心理學和管理學的相關理論重點探究誠信領導對下屬主動行為的作用機制，具體研究內容體現在以下三個方面：

（1）誠信領導對下屬主動行為的作用機制研究

誠信型領導作為積極領導的典型代表，是所有積極領導的源構念，其對下屬主動行為具有顯著的作用機制。研究已經證實誠信領導可以通過強化下屬對領導者的個人認同以及對所在群體的社會認同而改善下屬的工作態度和工作行為（Leroy, 2012；張蕾, 2012；Rego, 2014；Hsiung, 2012）。但誠信領導的積極心理能力與領導方式是否會促進下屬實施主動行為有待進一步研究。基於此，本研究通過對資源理論、認知-情感個性系統理論及自我決定理論等理論的回顧與探析，初步揭示了誠信領導對下屬主動行為影響的內在邏輯，提出誠信領導對下屬主動行為作用機制的理論模型。在理論推理的基礎上，針對中國多個省市企業員工進行調研，在保證調研獲

取數據質量的基礎上對提出的理論模型進行實證檢驗，並對誠信領導對主動行為的作用機制進行分析和討論。

（2）誠信領導對下屬主動行為影響的仲介機制研究

在領導對下屬的影響機理研究中，Howell 和 Costley（2001）曾提出，研究的關鍵應該關注於領導者如何影響下屬的心理反應（動機、情感及自我意識等），進而影響下屬的態度和行為。誠信領導是如何對下屬的主動行為產生影響的？誠信領導是否可以通過為下屬提供認知、積極情緒、安全感等積極心理資源進而促進下屬實施主動行為？基於此，本研究建構了誠信領導對下屬主動行為影響的仲介機制模型：誠信領導-心理資本-主動行為。通過打開誠信領導對下屬主動行為影響的黑箱來探索主動行為產生的過程，並採用問卷調查數據對本研究的仲介機制進行檢驗和討論。

（3）誠信領導對下屬主動行為影響的調節機制研究

權變管理思想提到，領導對下屬行為的影響的有效性會受到很多因素的影響，如領導及下屬的人格、領導成員交換關係、工作特徵及組織氛圍。誠信領導能顯著影響下屬的態度和行為，但在這個過程中是否會受到調節效應的影響一直以來都沒有得到驗證。基於此，本研究在仔細分析了中國的社會文化環境的前提下，選擇下屬的傳統性與下屬的同事支持感作為誠信領導對下屬主動行為仲介效應的調節機制。一方面，由於主動行為可能超越職位邊界得不到同事的支持和認可進而無法有效實施；另一方面，在中國傳統文化背景下，領導和下屬處於高權力距離情景中，而個體所具有的認知態度與行為模式中遵從權威最為顯著，遵從權威的個體間往往可能更多地表現為忠誠的依隨行為而缺乏主動性。因此，本研究為更好地詮釋誠信領導對下屬主動行為的影響機制，將下屬的傳統性人格及同事支持感知作為權變變量的調節機制，並採用問卷調查數據對本研究的調節效應進行檢驗和分析。

1.3.2 研究對象

由於本研究定義的變量均屬於個體層面的構念，因此本研究從個體層面出發進行界定，選取中國企業員工作為研究對象。

1.3.3 研究方法

Kerlinger（1986）提到科學研究是探究現象之間的關係，但過程必須以可控制的、實驗的及嚴謹的方法來實現。組織管理領域的研究往往以提

出相關研究假設為特徵,並對組織內的現象進行描述、解釋及預測(榮泰生,2005)。本書在研究過程中採用的研究方法如下:

(1) 文獻研究分析法

文獻研究重點以高校圖書館、電子數據庫及國內外相關文獻資料為基礎,對本研究涉及的誠信領導、心理資本、主動行為、同事支持感以及傳統性等構念進行文獻綜述,重點回顧和梳理相關構念的內涵、維度、測量方式、理論觀點及相關研究進展,掌握相關領域的最新研究進展,並對研究成果進行綜述整理,提出研究方向,為本研究的核心觀點奠定基礎,揭示研究框架的合理性。國外文獻主要通過 ProQuest、SAGE、WILEY、EBSCO、Science Direct 等數據庫收集,還重點檢索了《管理學會雜誌》(*Academy of Management Journal*)、《管理學會評論》(*Academy of Management Review*)、《應用心理學雜誌》(*Journal of Applied Psychology*)、《組織行為研究》(*Research in Organizational Behavior*)、《組織科學》(*Organization Science*)、《組織行為學》(*Journal of Organizational Behavior*)、《組織管理評論》(*Management and Organization Review*)這 7 種組織行為研究方面的頂級國際期刊,並針對其研究主題進行細緻篩選。為保證分析素材的學術性和嚴謹性,我們對文獻進行了二次篩選,使文獻盡量集中在組織情景中的研究範疇中。其次,對於中文文獻主要利用中國知網(CNKI)數據庫進行檢索,並重點針對《南開管理評論》《心理學報》《管理世界》《心理科學進展》《管理學報》等國內高水平學術期刊進行歸納和總結。

(2) 理論研究法

在文獻收集與評述的基礎上,對組織心理學、社會心理學、管理學、組織行為學等課程的相關理論進行梳理以構建本研究的理論基礎。基於誠信領導-心理資本-主動行為這一邏輯路線,建立以心理資本為仲介變量,同事支持感與傳統性為調節變量的理論模型,通過理論推演闡釋變量間的邏輯關係,提出研究假設,並用實證分析對其進行解釋與討論。

(3) 問卷調查法

問卷法在組織行為及組織心理的研究中已被廣泛採用,其較高的有效性、較低的成本使其成為最為普遍的數據收集方式。為了能有效地驗證本研究的相關理論及研究假設,本研究依據實證研究的原則和方法將實施過程劃分為兩個階段:首先是小樣本測試,重點確保變量測量量表的信度、效度,以實現後續大樣本測試的信度和效度,並在對員工及專家學者訪談

的基礎上對測量量表進行修正；其次是大樣本問卷的發放、回收和調研，重點是對大樣本中的數據進行統計分析，驗證本研究中的相關假設。

（4）深度訪談法

訪談是訪談者與被訪談者通過面對面，或者借助現代通信工具如電話、網路等形式實現語言互動，以獲取資料，幫助研究者產生新的研究思路或者提出新的研究問題。在訪談互動中，通過對訪談問題的發問、追問、聆聽來獲取受訪者就某個主題潛在的動機、態度及內在信念，最終幫助診釋其對本研究的意義（Harris，1996）。本研究訪談重點人群為有5年以上工作經歷的在職群體，要求其談及工作中與領導的互動及工作經歷，並將構建的理論模型納入訪談內容，以總結和闡釋理論意義和現實規律。

（5）數據分析法

本研究在大規模問卷調查的基礎上，通過對EXCEL、SPSS19.0及AMOS17.0等統計計量軟件的應用，對問卷調查的數據進行數據處理和分析。具體包含以下三個環節：一是評估和檢驗數據質量，主要是採用描述性統計分析方法對樣本及變量特徵進行描述；運用克倫巴赫和CTIC值來分析測量量表的信度及量表內各條款的有效性；通過探索性因子分析法（EFA）及驗證性因子分析法（CFA）檢驗量表的構念效度（聚合效度、區分效度）。二是對各變量進行描述性統計分析。主要採用獨立樣本T檢驗和單因素方差分析（One-Way ANOVA）進行樣本差異性分析；對變量相關性採用Pearson相關分析法。三是對研究假設的檢驗，主要利用結構方程模型檢驗誠信領導對下屬主動行為的仲介機制；利用溫忠麟和葉寶娟（2014）的調節變量檢驗方法檢驗調節效應。

1.4 研究路線

研究路線是對研究中涉及的研究重點、關鍵文獻、問卷設計、模型建構、數據分析及結果檢驗等多個環節進行的總體規劃和設計。具體研究路線及流程如圖1-1所示。

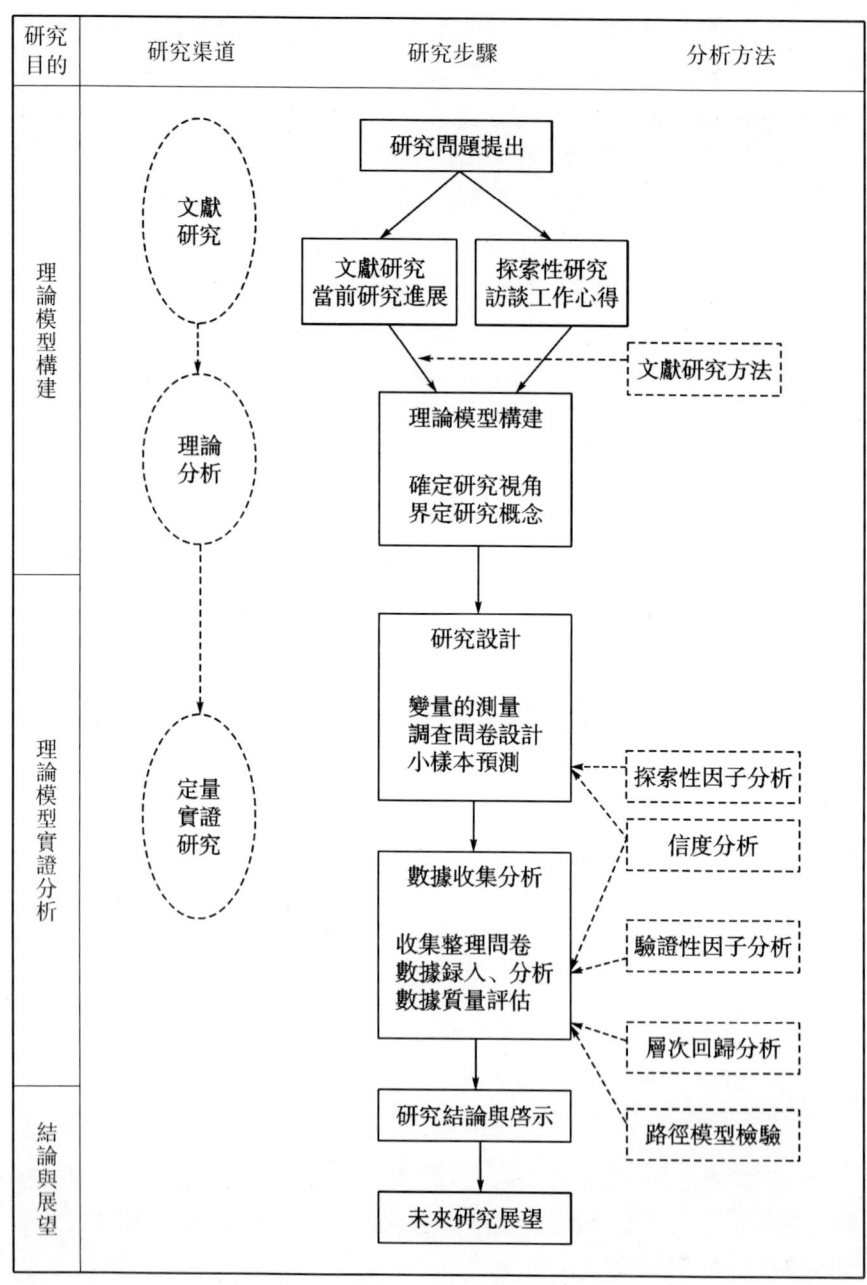

圖 1-1　研究流程

1.5　章節安排

本研究基於以上研究技術路線，按照標準的實證研究範式，對章節做出如下安排：

第1章，緒論。基於現實背景和理論背景入手闡明本研究的現實價值和理論價值，對研究內容、研究方法、研究創新點及研究思路進行整體性的介紹，對各章節內容安排進行概括性的說明。

第2章，文獻綜述與相關理論。本章的第一個主要內容是圍繞擬研究的理論框架並遵循一定的邏輯路線對文獻進行回顧和整理。首先對誠信領導（自變量）及主動行為（因變量）的內涵、維度、測量方式及相關研究進行回顧，接著對仲介變量心理資本的概念、影響以及仲介效應的相關文獻進行整理，然後再對同事支持感及傳統性兩個調節變量的概念、影響結果和調節效應的文獻進行回顧，為進一步的邏輯推理和理論分析奠定基礎。本章第二個主要內容是對本研究涉及的理論如資源理論、認知-情感個性系統理論及自我決定理論進行系統的整理與總結，為後續理論模型的建構做好鋪墊。

第3章，理論模型與研究假設。本章主要通過已回顧的基礎理論建構研究模型，在文獻回顧和相關理論的基礎上，對預設研究模型進行推演，論證明確模型內各變量間的邏輯關係，提出研究的理論假設和整體研究框架。

第4章，研究設計。本章重點是基於理論模型設計科學合理的相關變量的測量量表，在保證研究嚴謹性的前提下保證實地調研的順利開展。根據研究目的，首先清晰界定核心變量，對已有的成熟測量問卷進行合理借鑑。其次，通過小樣本測試檢驗問卷的信度及問卷內條款的合理性，在小樣本測試及深度訪談基礎上對問卷進行合理的修正、淨化及完善，最終形成後續大樣本測試檢驗的正式問卷。

第5章，問卷調查分析與結果。本章重點對已建構的理論模型進行大樣本檢驗，首先，交代並說明大樣本的樣本特徵、研究對象、數據收集方法以及統計分析方法。其次，檢驗問卷的信度、效度、正態性分布假設、共同方法偏差，並對人口統計特徵對心理資本及主動行為的影響進行檢驗。最後，對本研究提出的研究假設進行檢驗，分別為：誠信領導對主動

行為的主效應檢驗、心理資本在誠信領導與主動行為間的仲介效應檢驗、同事支持感及傳統性在心理資本與主動行為間的調節效應檢驗。

第6章，研究結論與展望。本章重點對研究得到的結論進行整理和總結，首先根據研究結論提出切實可行的人力資源管理實踐措施及對策建議；其次，對研究中存在的不足進行分析並提出未來的研究方向。

1.6 研究創新點

（1）基於資源理論揭示了誠信領導對下屬主動行為影響的內在機制，拓寬了誠信領導與主動行為的研究視角。

一直以來，對於主動行為的研究，學者往往將揭示個體實施主動行為的心理機制作為研究的重點，Bindl and Parker（2009）則基於認知過程和情感過程闡釋主動行為的產生機理，在一定程度上整合了主動行為的研究。而本研究基於 Baumeister（2000）提到的自我控製資源理論，將心理資本置於誠信領導與下屬主動行為仲介機制之中。一方面，驗證了主動行為作為自我調節的過程需要能量的參與，而資源水平的高低實際影響了自我調節的成功與否。另一方面，心理資本作為積極組織行為學的核心構念，本研究通過對心理資本對主動行為積極影響關係的驗證，將主動行為納入積極組織行為研究範疇之中，拓展了積極組織行為研究的邊界，這形成本研究在研究視角上的創新。

（2）將代表中國傳統文化因素的傳統性引入研究框架中，揭示了誠信領導發揮作用的邊界條件。

誠信領導與主動行為作為在西方管理情景下提出的構念，具有深刻的文化背景，而理論研究中誠信領導與主動行為的文化情景適應性都成為現階段研究中亟待解決的問題，在中國特殊的文化情景下，中國企業的管理若完全照搬西方的管理實踐將水土不服。本研究證實了尊卑上下、忠孝順從的中國傳統文化在誠信領導與下屬主動行為關係間的影響，創新性地驗證了下屬傳統性對誠信領導與下屬主動行為關係的調節效應，深入揭示了誠信領導與下屬主動行為有效性的情景因素。

（3）通過構建誠信領導對主動行為的影響機制模型，拓展了誠信領導對下屬的影響效果。

主動行為由於其豐富的內涵及特徵已經逐漸成為組織行為研究的熱

點，但相對於國外的研究，目前國內對於主動行為的研究尚處於起步階段。在針對領導對下屬主動行為影響的研究中，已有的研究雖已證實了變革型領導及授權型領導可以有效地激發下屬工作中的主動性，但作為所有積極領導形式的「根源構念」的誠信領導風格是否能夠積極影響下屬實施主動行為尚未得到理論研究的證實。基於此，本研究立足於中國企業的管理情景，首次驗證了誠信領導對下屬主動行為的積極影響，這將深化誠信領導對下屬行為的影響機制，充實誠信領導及主動行為的相關理論，對誠信領導的領導效能及工作場所主動行為的本土化研究具有積極貢獻。

2 文獻綜述與相關理論

2.1 誠信領導文獻綜述

2.1.1 誠信領導的提出

（1）現實背景

知識經濟時代要求組織內的領導者通過公開信息、誠信可靠與外界建立積極關係，在決策之前客觀分析外界信息並堅持一定的原則。這是因為知識工作者與領導之間的交流由於文化差異、地理位置及電子信息限制而致使機會變得更少。在過去的 10 年乃至更長的時間裡，私營經濟及政治領域普遍缺乏誠信，亟需一種簡單、透明及可信賴的領導風格（Gardner, Cogliser, Davis, 2011）。一些研究者認為，領導的重要性在於緩解現階段的信任危機（Avolio, Luthans, Walumbwa, 2004）。在這種背景下，誠信領導逐漸成為領導風格研究的熱點（Terry, 1993），特別是自安然公司、世界通信公司出現公司醜聞以來，引發了人們對企業管理者的信任危機，管理者道德的跌落也使企業真實性遭到質疑，西方理論界與實務界開始廣泛關注組織內領導的誠信問題。而全球化競爭、技術革新以及負面新聞等壓力也呼喚一種能夠賦予下屬意義感、幫助下屬恢復信心及建立希望的全新領導方式的出現。2003 年，美敦力公司（Medtronic）的 CEO George 首次提出了誠信領導（Authentic Leadership）的概念。他認為領導者的行為要忠實於自我表現，誠信領導者應基於自我的本性來領導、服務他人，坦蕩面對自己的陰暗面並建立真實性領導的價值觀。而在多變的外界環境下，作為企業領導者，在考慮業績的同時也更應該將道德因素考慮在內（Avolio & Gardner, 2005）。

（2）理論背景

在研究領域，誠信領導伴隨著積極心理學及積極組織行為的研究而興起，積極組織行為強調人的發展、美德以及人的核心價值觀（Avolio, Walumbwa, Weber, 2009）。Cranton 和 Carusetta（2004）認為誠信是一個在工作場所裡讓人們從恐懼與無助中看到希望的概念。Luthans 等（2003）以領導學、道德學、積極心理學及積極組織學等領域的相關研究為基礎，提出了誠信領導（Authentic Leadership）理論。由此，以自我意識及內化道德觀為核心成分的誠信領導理論應運而生，逐漸成為理論與實踐關注的焦點。蓋洛普領導研究中心於 2004 年 6 月在美國內布拉斯加州舉行了一次峰會，專門探討誠信領導及其發展問題。自信、樂觀、滿懷希望且富有意義感的誠信型領導吸引了眾多學者的目光。近 10 年來，關於誠信領導的研究在國內外已經累積了大量文獻（王震、宋萌、孫健敏，2014）。張志學等（2014）通過對 2008—2011 年最權威的英文管理類期刊上關於領導力研究的文章的統計發現，誠信領導研究是領導話題研究的 10 個熱點之一，研究文章數量占 3%。國內也有學者對誠信領導進行深入的探索研究（韓翼、楊百寅，2009；李銳、凌文輇、惠青山，2008；羅東霞、關培蘭，2008；詹延遵、凌文輇、方俐洛，2006），已經有 14 項重要的研究成果。

民無信不立。中國自古就有著悠久的誠信傳統，但就中國目前的情況來看，隨著改革開放和社會主義現代化建設步伐的加快，誠信缺失現象在整個社會蔓延。信任是市場經濟體系的核心要素，而領導作為組織的決策者及影響人，不僅對下屬起到示範作用，也在一定程度上影響著組織的社會責任與公信力。

2.1.2　誠信領導的內涵

2.1.2.1　領導的內涵

領導（Leadership）在 1834 年才出現，有治理和引導的意思。而關於領導的研究豐富而龐雜，在過去短短 50 年中，對領導的研究已經有千餘篇論文，都試圖探討出色領導的卓越風格及個性特徵，但仍然缺乏對領導的清晰的認識。Stogdill（1974）認為，有多少人試圖界定領導這個概念就會有多少種不同的關於領導的定義。《說文解字註》中將「領」解釋為治理，而將「導」解釋為引導，領導即治理與引導。《牛津英語辭典》中將「leader」定義為指揮者，即起引導作用的事物。由此可以看出，領導具備著「領」和「導」兩個內涵，應該是帶領追隨者向一定方向前進。對於近 50 年以來學者對領導概念的界定歸納總結如表 2-1 所示。

表 2-1　　　　　　　　　　領導概念歸納總結

學者	定義
Hemnhill & Coons (1957)	領導是個人引導群體達成共同目標的行為。
Terry (1960)	領導是影響人們自願性的努力以達成群體目標而採取的行為。
Jacobs (1970)	領導以某種方式向追隨者提供信息,促進兩者間進行有效的互動。
Hersey & Blanehard (1977)	領導是在特定情景之下採取的人際互動活動,這些活動將幫助達成群體或組織目標。
Rechards & Engle (1986)	領導能夠幫助組織描繪明確並可達成的未來願景。
Hosking (1988)	領導能夠幫助社會建立有效的秩序,促使人們能自發去實踐的人。
Gardner (1989)	領導是幫助組織實現目標及願景的一種手段。
Bass (1990)	領導是願意幫助群體實現願景並一直處於群體活動核心地位的人。
俞文釗 (1993)	領導是通過影響下屬和群體並幫助其實現目標的行動過程。
Robbins (1998)	領導是指通過影響組織及群體從而達成目標的一種能力。
Yukl (1998)	領導是影響個人動機與願望、組織內外部事件解釋以及群體共同願景等因素的社會歷程。
許士軍 (2002)	領導是在特定情景下,為達成某種群體目標的人際互動程序而實施的影響行為。
Northouse (2003)	領導是指影響領導者與被領導者之間關係的過程。
Nahavandi (2006)	領導是通過對組織及組織內群體施加影響,並幫助其建立目標以及實現目標的過程。
Griffin (2008)	領導是運用非強迫性的影響力激勵下屬實現目標,並促進組織內部形成群體及組織文化的過程,領導有時也可以作為下屬對領導個體特徵的感知。

關於領導的概念,由於學者關注的角度不同,對其定義也不完全相同。Burns(1978)在《領導論》裡對領導的定義有著經典的論述:領導者通過其自身特殊的價值觀和行為方式對追隨者施加影響,幫助追隨者與其建立共同的價值觀、動機及願景。Burns 對領導內涵的論述體現了領導的兩個重要特徵:一是領導對下屬實施影響的方式不是強迫性的,而是建立在平等、自願的原則上;二是領導與追隨者要形成共同的目標或願景[1]。

---

[1] 詹姆斯·麥格雷戈·伯恩斯. 領導論 [M]. 常健, 孫海雲, 譯. 北京: 中國人民大學出版社, 2006.

2.1.2.2　誠信領導的概念
(1) 誠信的內涵

誠信問題一直都是不同學科領域關注的熱點。同時，誠信是一個古老而又現實的話題，中國古代對誠信的認識非常的豐富多彩。早在中國《禮記·祭統》中便提到：「是故賢者之祭也，致其誠信，與其忠敬。」又如將誠信作為一種人格特質，孔子提到「人而無信，不知其可也」。誠信代表著古人對人的本性的要求，即要求人要有忠實與誠信這種善良本性。其次，誠信也在社會規範中起到一定的作用，如孔子提到「其身正，不令而行；其身不正，雖令不從」，揭示了作為領導的為政者的「身正」對下屬及百姓的影響和示範作用。誠信也被用於規範朋友關係及官民關係。孔子在《論語·公冶長》中說「聽其言而觀其行」，在他看來，「行」是評價一個人品質好與壞的根本依據。評價一個人誠信與否，孟子認為：「誠者，天之道也；思誠者，人之道也，至誠而不動者，未之有也。」客觀的天道誠實無妄，人道作為天道在人類社會的具體表現也同樣應誠實無妄。誠信成為具有普遍意義的、最基本的社會道德規範之一，構成了中國傳統諸德的結合點。可以看出，中國傳統誠信觀表明誠信既是社會道德範疇又是個體心理領域的重要範疇，但中國傳統的誠信僅停留在道德層面，在內涵上具有一定的局限性。

而在古希臘哲學中的誠信，意思是「真實對待自己（Know Thyself）」。因此，認知、接受及保持真實自我是哲學角度對誠信的界定。海德格爾認為，誠信處於一個連續體中，因為個體也往往在誠信和不誠信間徘徊。例如，Harter（2002）將誠信定義為了解自己的原則並決定其思想、感情、需要的過程，誠信也意味著人們需要忠實於自己的身分、情緒、偏好及核心價值觀。心理學家Rogers（1963）認為，自我實現及潛能的發揮都能讓人們誠信，這是因為自我實現的個體保持了其行為與本性的一致性，做出的選擇清晰、正確、合理並基於自己的內在價值觀。Kernis（2003）提出「最優自尊的本質」理論時認為，誠信是「在一個人的日常工作中毫無障礙體現真實的、核心的自我」，誠信是最優水平自尊（Optimal Levels of Self-esteem），人們逐漸認識並完全接受自我，就會展現穩定的自尊，其行為也將會與其價值觀及信念相一致。對於誠信內部維度的劃分，社會心理學家的研究使誠信這個構念具備了一定的可操作性和可開發性。Kernis（2006）認為誠信構念應包括自我意識（來自個體內部的知識、感受、動機及價值觀等）、無偏處理（客觀地接受一個人的優點及缺點）、行動（基於個人的真實想法而非為取悅他人做出的行動）和關係導向（與他人建立

真實可靠的關係）四個組成成分。Avolio 等（2005）根據認知心理學的研究將平衡處理（Balanced Processing）替代了誠信構念中的無偏處理。他認為人類有其固有的偏誤，是有偏誤的信息處理者。

當然，需要指出的是，誠信與真誠（Sincerity）存在一定的區別。真誠是「聲稱的感受與實際感受間的一致性」（Trilling，1972），指個體感受與其所經歷的狀態的一致。誠信強調對自我保持真實和誠實，其核心是認知、接受並保持真實自我。誠信並未明顯涉及對外界的考慮，因此誠信更強調真實自我作為一種社會力量積極地投入現實的社會建構，在社會交換的自我內容建構中形成。

綜上，誠信（Authenticity）是指個體對自我的信念、偏好、情感、價值觀認知和接受，行事方式上與內在的思想和情感保持一致，是個體在一定關係中所表現出的真實無欺的、比較穩定的心理品質和行為傾向。誠信須得到他人的認同，這是因為誠信在一定程度上取決於他人如何看待和歸因，當然，個體也可以在一定程度上控製自己何時向何人展現何種人格特質。

(2) 誠信領導（Authentic Leadership）的概念

Burns（1978）最早使用了誠信領導的概念，認為誠信領導是集合領導者與下屬動機、目標的衝突和一致性的整合過程，它並非領導者特有，而應該是貫穿整個領導過程。誠信被廣泛地用在有效領導的規範性討論中。Terry 等（1993）也都認為誠信應該是領導的核心構成。在美國安然公司爆出公司醜聞過後，George（2003）將誠信領導的概念正式引入人們的視線。從現有的文獻來看，研究者主要從人格特質觀點、行為特徵觀點及過程觀點來概括介紹誠信領導的內涵。

①人格特質觀點。人格特質的觀點基於誠信領導的特徵來對其進行定義，Avolio 和 Luthans 等（2004）指出，誠信領導是對自己的行為、思想、價值觀、道德觀能夠客觀認知和瞭解的人。他們認為誠信領導身上具有的高尚的道德品質是誠信領導的重要特徵，其高尚的道德品質如富有希望、樂觀精神、自信、韌性、對外部情景有清晰的認知等。誠信領導行為風格很難與其他領導風格進行區分，誠信領導可能是獨裁專斷的，也可能是參與指導性的。Shamir、Eilam 和 Gardner（2005）認為誠信領導應該具備以下品質：自我概念清晰、目標堅定、行為與內在價值觀保持一致。而 George 和 Sims（2007）認為誠信領導應該是那些秉承真實信念的人，他們會努力與下屬建立真實、可信賴的關係。Whitehead（2009）認為自我概念清晰、高尚的道德品質及組織承諾是誠信領導的最大特徵。

② 行為特徵觀點。一些研究者從誠信領導的行為特徵觀點視角界定誠信領導的內涵。例如，Bass 和 Steidlmeier（1999）提出，誠信領導在日常活動中表現出較高的道德標準並做那些正確的事情，是真正意義上的變革型領導。Luthans 和 Avolio（2003）認為誠信領導能夠提升下屬的自我意識和自我調節能力，並將自我積極能力與組織發展相融合，最終促進積極的自我發展。Walumbwa 等（2008）認為誠信領導是源自積極心理能力及正面道德氛圍的領導行為。在與下屬的工作互動中，促使領導者形成完善的自我意識、信息平衡處理能力、透明關係及較高的內化道德標準，最終促進正面道德氛圍的發展。

③ 過程觀點。過程觀點更為重視誠信領導與外界的整合與作用過程。Burns（1978）便提到誠信領導是一個整合的過程，它集合了領導和下屬的動機、目標及一致性。Luthans 和 Avolio（2003）認為誠信領導的界定也具備過程觀點的特徵，認為誠信領導是最終達成雙方自我發展的過程。May 等（2003）對誠信領導的分析提出，誠信領導是運用道德能力進行判斷進而進行誠信決策與實施誠信行為的過程。而 Shamir 和 Eilam（2005）認為，誠信領導是誠信領導與追隨者之間形成真實互動的過程。過程觀點體現了對誠信領導內涵進行界定的動態過程視角。

表 2-2　　　　　　　　　　　誠信領導內涵歸納總結

學者	含義
Burns(1978)	誠信領導是集合領導和下屬的動機、目標及一致性的整合過程。
Bass 和 Steidlmeier(1999)	誠信領導在日常活動中表現出較高的道德標準並做那些正確的事情，是真正意義上的變革型領導。
George(2003)	誠信領導者目標清晰且忠於自己，並且樂於服務大眾，幫助組織持續性發展。
Luthans 和 Avolio(2003)	誠信領導是能夠提升下屬的自我意識和自我調節能力，並將自我積極能力與組織發展相融合，最終促進積極的自我發展的過程。
Avolio、Luthans 和 Walumbwa(2004)	誠信領導是對自己的行為、思想、價值觀、道德觀能夠客觀認知和瞭解的人。他們認為誠信領導身上具有的高尚的道德品質是誠信領導的重要特徵，其高尚的道德品質如富有希望、樂觀精神、自信、韌性、對外部情景有清晰的認知。誠信領導行為風格很難與其他領導風格進行區分，誠信領導可能是獨裁專斷的，也可能是參與指導性的。

表2-2(續)

學者	含義
Shamir、Eilam 和 Gardner(2005)	誠信領導具有以下品質：清晰的領導角色及自我意識、通過自我調節達成目標、行為的高度自我約束、塑造誠信下屬並與下屬建立誠信關係。
謝衡曉(2007)	誠信領導者包括循規蹈矩、領導特質、誠實不欺、下屬導向、正直無私五個方面特徵。
Walumbwa 等(2008)	誠信領導是源自積極心理能力及正面道德氛圍的領導行為。在與下屬的工作互動中，促使領導者形成完善的自我意識、信息平衡處理能力、透明關係及較高的內化道德標準，最終促進正面道德氛圍的發展。
Whitehead (2009)	誠信領導可以從以下三個方面進行界定：①強烈的自我意識、保持謙遜、體諒下屬；②通過自身的道德信仰提升追隨者的信任；③在其內在社會價值觀中包含著對組織的承諾。

　　如表 2-2 所示，誠信領導是一個包含特質、狀態、行為、情景和歸因的綜合體，也在一定程度上體現了動態過程視角。對誠信領導內涵界定的差異體現了研究者不同的研究視角，三種觀點並不矛盾，因為領導本身就是通過自身特質、行為影響追隨者進而達成目標的過程。凌文輇（1987）提到的領導的行為模式應該包括個人品德因素、績效因素及團體維繫因素。從三種觀點的界定來看，誠信領導的核心應該是「真實」（Authenticity）（見圖 2-1）。誠信領導的真實應該體現在兩個方面：一是誠信領導對自我真實。這體現在誠信領導能清晰瞭解自我，這種「自知之明」使誠信領導對其長處、短處、價值觀具備全面的認知，並能瞭解他人面前的真實自我。二是誠信領導對外界真實。具體體現為：誠信領導實事求是，對外界信息毫無偏見地加工處理而非扭曲、誇大或過濾。他們的行為忠於自我且與其宣稱理論保持一致，而非為取悅他人博取聲望或出於個人的政治興趣；與下屬建立透明而相互信任的關係。

　　綜上，本書將誠信領導定義為：誠信領導是通過自身積極心理能力影響追隨者的自我意識及自我調節，並與追隨者建立真實可靠的協作關係，贏得追隨者的信任進而促進群體及組織目標實現的過程。

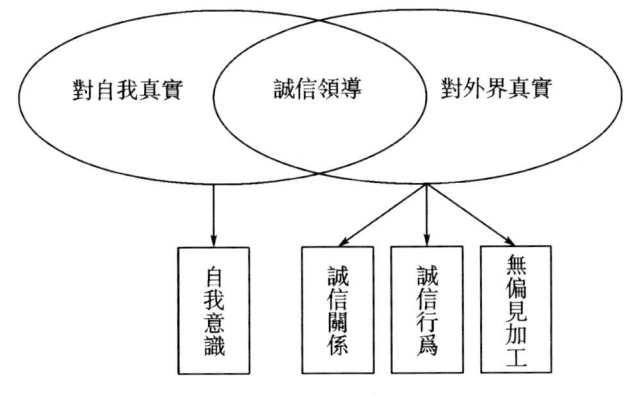

圖 2-1 誠信領導內涵

資料來源：根據上述文獻整理．

(3) 誠信領導的維度

對誠信領導的維度劃分比較有代表性的觀點如下：

基於誠信領導的內涵，Kernis（2003）認為誠信領導的維度中應該包括無偏見加工（Unbiased Processing）、誠信關係導向（Authentic Relational Orientation）、自我意識（Self-awareness）和誠信行為（Authentic Behavior）。其中，無偏見加工指的是誠信領導在決策前對外部信息進行客觀、全面的分析，不帶入偏見及歪曲經驗或外部評價信息；誠信關係導向指的是誠信領導在與下屬的互動中坦率、真誠地建立可信任的相互關係；自我意識是誠信領導對其內在動機、情感、價值觀等自我概念有清晰的認知；誠信行為指的是誠信領導的行為並非是為了取悅他人的虛假行動，而是一種與其真我完全一致的行為。

Walumbwa 等（2008）提出的誠信領導包括 5 個維度：①自我意識，即誠信領導瞭解展現在外界的真實自我，並對自己的優點、缺點有著全面的認知；②內在規範，即指誠信領導的行為不是由組織或社會的壓力所造成的，而是由內在道德標準和價值所引導的；③關係透明，誠信領導展現誠信的自我以促進領導與下屬間的信任，包括信息共享和真實想法表述；④平衡處理，即誠信領導做決策之前能夠客觀分析並廣泛徵求意見；⑤積極道德觀，即一種向上的、自我調協內化的綜合形式。

謝衡曉（2007）的博士論文研究發現，在中國文化情景中，誠信領導維度包括循規蹈矩、領導特質、正直無私、下屬導向及誠實不欺等。研究發現企業員工心目中的誠信領導要做到誠實守信、帶頭遵守組織及社會規範、正直無私且體恤下屬，並在個人特質方面表現出領導風範。他認為誠

信領導的內容結構中更應該強調個人品德因素，因為在中國文化背景中，道德與政治（領導力）總是不能分開的（Tu，1993）。

Zhang 等（2012）通過對中國文化情景下的企業案例研究發現，在儒家文化背景下的誠信領導除了包含對自我真實以外，還包括對日常管理中的情景真實。他們認為誠信領導的結構應該包括積極心理資本（Positive Psychological Capital）、道德領導風格（Moral Leadership）、自我意識（Self-awareness）、自我調節（Self-regulation）。

（4）誠信領導概念辨析

領導理論經過多年的發展與完善，已形成了多種領導類型，而誠信領導作為新的領導方式，必然與其他類型領導存在著一定的聯繫與區別，如表 2-3 所示，本研究根據相關文獻對誠信領導、變革型領導、倫理型領導等幾種具有代表性的領導方式進行辨析。

表 2-3　　　　　　　　誠信領導與其他領導方式概念辨析

領導類型	理論依據	概念觀點	代表行為	作者
誠信領導	積極心理學理論、認同理論	通過激發下屬的個人認同及社會認同影響其工作態度、行為。	誠信行為 關懷下屬 示範與表率	Luthans 和 Avolio（2003）
變革型領導	需求層次理論	通過激發下屬更高層次的需求以追求更高的目標。	個性化關懷 智力激盪 溝通	Bass 和 Avolio（1993）
倫理型領導	社會學習理論	以道德標準為中心，並輔以相應的獎懲措施，引導下屬學習和遵守倫理標準。	建立道德標準 道德管理	Brown 和 Trevino（2006）
授權型領導	目標設置理論、社會學習理論	通過鼓勵自主行為、團隊合作及參與目標制定激勵下屬。	授權 鼓勵自我發展	Sims 和 Manz（1996）
魅力型領導	認同理論	通過個體魅力激發追隨者對願景的認同，從而實現既定目標。	提供願景 領導者個人行為	Shamir 等（1993）
願景型領導	內在激勵理論	通過滿足下屬對使命和成員身分精神性存在的基本需求，內在地激勵下屬。	提供遠景 樹立信念	Fry（2003）

①誠信領導與變革型領導。誠信領導與變革型領導都可以通過其樂觀、充滿希望、發展導向等特徵積極影響下屬。但兩者的區別在於變革型

領導往往通過積極願景提升下屬的需要和目的感而對他人或組織進行變革，而誠信領導則通過提升下屬的自我意識並支持其自我調節進而激發下屬的積極行為。從情景來看，變革型領導更容易受到外部壓力或社會誘致所形成，而非真實的自我呈現。

②誠信領導與倫理型領導。誠信領導與倫理型領導的重疊之處在於兩種領導類型都具備積極的道德觀而提升下屬的個人認同和社會認同。兩者的區別在於倫理型領導強調道德管理，行為以外在的道德價值觀為準則，自我成分較少，容易受外界標準的影響。而誠信領導的行為基於強烈的自我意識及內化道德，依據自己的道德價值做出判斷，在面臨外界壓力與規範時，他們能夠選擇真實行為。

③誠信領導與授權型領導。誠信領導與授權型領導兩種領導方式都支持下屬的自我調節。但兩者的區別在於授權型領導是通過賦予下屬自主權限並鼓勵下屬參與目標制定從而促進下屬進行自我管理。而誠信領導是通過與下屬建立可信賴的誠信關係提升下屬的認同進而促進其積極的自我調節。

④誠信領導與魅力型領導。誠信領導與魅力型領導兩種領導方式的相似之處在於兩者都能獲取下屬的積極認同。兩者的區別在於魅力型領導完全依據個人魅力或個人印象進行管理，這種魅力可能來自於其遠景、權力或個人特徵，並通過言語說服、影響而激發下屬，行為並非以真實性為基礎。而誠信領導的內化道德及積極心理特徵更容易通過榜樣作用感染和影響下屬。

⑤誠信領導與願景型領導。誠信領導與願景型領導兩種領導方式都強調通過信念和價值觀激勵下屬。但兩者的區別在於願景型領導通過滿足下屬對基於使命和成員身分的精神性存在的基本需求內在地激勵下屬。而誠信領導通過踐行內在價值觀和信念，促進下屬的個人認同與社會認同而影響下屬。此外，願景型領導並不強調內在價值觀體現的倫理，它更強調領導通過遠景對下屬的精神感召。

2.1.3 誠信領導的測量

Cooper 等學者（2005）認為，正在興起的誠信領導理論必須在測量、效度區分及構念開發等問題上有所突破。他認為誠信領導內涵中包括了特質、行為、情景、狀態、歸因等因素，因而誠信領導應該是多維度構念，且寬泛的內涵也使得誠信領導難以測量。目前，國內外針對誠信領導的測量方式以量表測量為主，其中較具有代表性的測量方式如下：

一是 Jensen 和 Luthans（2006）選取了未來導向、誠信領導行為以及組織倫理氣氛問卷中的部分題項，編制了一套包括未來導向、領導行為以及組織道德氛圍 3 個維度的 45 題量表。其中，領導行為測量來自於 Bass 和 Avolio（1993）編制的多因素領導問卷；未來導向題目來自於 Knight（1997）的未來導向測量問卷；組織道德氛圍題目則使用 Victor 和 Cullen（1988）編制的倫理環境問卷（ECQ）。

二是 Walumbwa 等（2008）在前人研究的基礎上開發了誠信領導測量量表（ALQ）。他們檢驗了測量問卷的信度和效度，並通過結構方程模型檢驗了模型的適配度，證實了誠信領導是包含 16 個題項的二階構念，其中，關係透明 5 項、自我意識 4 項、內化道德 4 項、平衡處理 3 項。在對來自美國、非洲以及中國的問卷調查數據進行實證分析後發現，該量表有較高的信度和效度。Neider 和 Schriesheim（2011）在後續的研究中基於 Walumbwa 等（2008）的研究也開發了一套包括關係透明、自我意識、內化道德和平衡處理的 4 維 14 題量表。

三是謝衡曉（2007）開發的誠信領導量表。她將誠信領導劃分為 5 個維度，分別為：誠實不欺 4 個題項、循規蹈矩 5 個題項、正直無私 4 個題項、領導特質 5 個題項、下屬導向 5 個題項，共 23 個題項，此測量量表在中國大陸及臺灣等多地的調研及實證分析均證明了量表的良好信度和效度。周蕾蕾（2010）也在謝衡曉和 Walumbwa 等人所編量表的基礎上，開發了一套包括領導特質、下屬導向、誠實不欺、內化道德觀的 4 維 17 題量表。

2.1.4 誠信領導的前因和後果

近年來的研究顯示，隨著學者們對誠信領導研究的不斷深入，對其探討也由最初的理論探索、核心內容維度構建逐步向外部影響因素等方面深入發展。如圖 2-2 所示。

（1）誠信領導的前因

①個體特徵。從現有的研究來看，個體的人格、價值觀、自我概念、情緒、智力等都對誠信領導有著重要的影響。首先，Cooper 等（2005）認為情緒穩定性是誠信領導的重要因素，這是因為情緒穩定性人格有利於培養和選擇誠信領導。Ilies 等（2005）的研究也發現，個體的自我監控與誠信領導間關係明顯，領導的目標越為堅定而清晰越容易被下屬視為誠信領導。其次，價值觀與自我概念影響誠信領導的形成與發展。Shamir 和 Eilam（2005）認為清晰的自我概念能夠讓領導深入對自我的認知，因此其

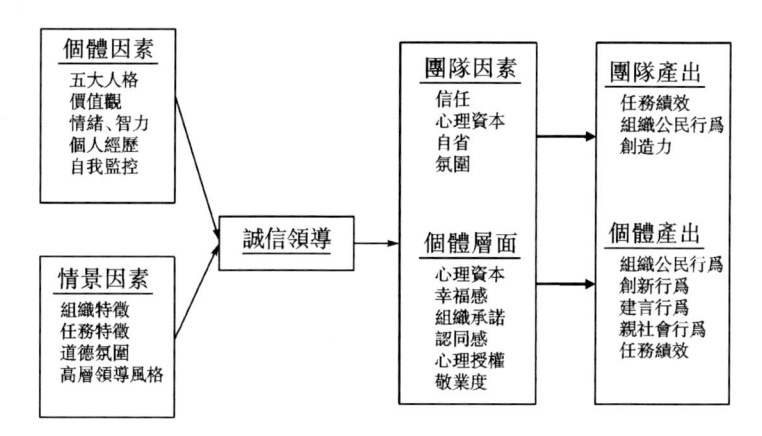

圖 2-2　誠信領導前因後果

資料來源：王震，宋萌，孫健敏. 真實型領導：概念、測量、形成與作用［J］. 心理科學進展，2014（3）：458-473.

行為往往來自於自我意識（自我概念及價值觀）的驅動，從而表現得更為誠信。Luthans 和 Avolio（2003）在其研究中指出，領導的正直、自我超越及他人導向也將引導其領導風格趨於誠信。而 Jensen 等（2006）通過層級迴歸實證分析證實了領導者的心理資本是誠信領導的重要前因，證實了自信、希望、樂觀等積極心理要素是誠信領導的重要特徵。再次，情緒勞動影響下屬是否將領導歸類為誠信領導，在領導的情緒調節行為中，下屬往往更願意將那些能夠流露真實情感的領導歸類為真實、誠信的領導。而對於表層扮演和深層扮演，下屬則都不會將領導認定為真實而誠信，反而認為領導在「裝模作樣」。最後，誠信領導也往往來自其以往的個人經歷。Cooper 等（2005）的研究中提到，個人成長過程中的經歷可能也是導致個體轉變人生態度的關鍵。

②情景因素。情景因素對誠信領導也具有顯著的影響。首先，組織情景是影響及開發誠信領導的關鍵。Cooper 等（2005）的研究提到，組織干預是開發誠信領導的關鍵，組織特徵及組織氛圍都可能影響領導是否公開並公正地做事（Luthans & Avolio, 2003）。因此，支持性組織氛圍中信息交換質量更高，信息不對稱現象較少，為領導和下屬提供更多的信息和資源，幫助領導發展為誠信型領導。其次，任務特徵也是影響下屬感知領導是否誠信的一個重要因素。Tate（2008）的研究指出，不同任務類型的領導被感知為真實與否的程度是有差異的，這是因為不同任務類型的領導與下屬的互動方式不同，進而導致了下屬的感知存在一定的差異。最後，高

層的領導風格也會影響低層的領導風格的形成。Hannah 和 Walumbwa 等（2011）提到，低層領導會效仿高層領導的風格而體現為領導方式與風格的傳遞性，所以高層為誠信領導風格時，低層領導則更容易通過學習和模仿發展為誠信領導。

（2）誠信領導的結果

相對於誠信領導的前因，對誠信領導的影響結果已經取得了大量的實證檢驗。Avolio 等（2004）的研究構建了誠信領導對下屬態度、行為及績效影響的理論模型。該理論模型的一個關鍵點是強調下屬對領導的社會認同及個人認同，誠信領導通過提升下屬的社會認同和個人認同，進而提升下屬的敬業度、組織承諾以及工作滿意度等，最終提升下屬的績效。誠信領導對團隊和個體的態度及績效都會產生影響，對團隊的影響主要體現在團隊協作力、團隊氛圍、團隊心理資本、團隊的組織公民行為及團隊績效等方面；而對個體的影響主要體現在個體的認同感、心理資本、敬業度、建言行為及創新行為等方面。通過誠信領導對下屬的影響來看，重點體現為下屬的態度、下屬的行為及下屬的績效三個方面。

①下屬的態度。誠信領導可以提升下屬的滿意度及承諾，比較有代表性的研究包括：Rego 等（2013）通過對葡萄牙公立大學中 51 個團隊層面的研究分析，驗證了誠信領導可以通過提升團隊的道德進而提升團隊的情感承諾，最終增加團隊的有效性。Hassan 和 Ahmed（2011）在對馬來西亞的 395 名員工的研究中證實了誠信領導可以通過增加下屬與其的相互信任進而使得下屬更為敬業。Laschinger 和 Smith（2013）通過對醫院護士的研究發現，誠信領導能夠提升下屬的授權感知而降低其職業倦怠。

②下屬的行為。誠信領導可以有效地改善下屬的行為。Rego 等（2012）通過對來自葡萄牙的 33 個商業機構的 201 名員工的研究，證實了誠信領導可以通過影響下屬的心理資本進而提升下屬的創造力。誠信領導對下屬創造力的影響也在 Rego 等（2012）的研究中得到證實，誠信領導可以給予下屬以希望及積極情感進而激發下屬的創造力。Hsiung（2012）通過跨層次研究證實了誠信領導可以通過提升下屬的交換水平（LMX）以及積極情緒進而激發下屬更多的建言行為。Walumbwa 等（2010）在對中國 387 名員工及 129 名直接領導的研究中證實了誠信領導可以通過提升下屬的授權感知及認同感進而促進下屬實施組織公民行為。韓翼和楊百寅（2011）通過 297 份電力企業領導者及員工的配對問卷調查，證實了誠信領導對員工創新行為的影響機制。Hannah、Avolio 和 Walumbwa（2011）的研究證實了誠信領導可以促使下屬致力於親社會行為。

③下屬的績效。誠信領導可以有效提升下屬的業績。Walumbwa 等（2010）通過對 79 名警察團隊領導的跨層次分析驗證了誠信領導可以提升下屬的心理資本進而提升下屬業績。Walumbwa 等（2011）則從群體層次出發，基於 146 個大型銀行的工作團隊的研究，證實了誠信領導可以通過提升團隊的心理資本及團隊信任進而提升團隊的業績。Peterson 等（2012）對美國警察部門的一項縱向研究也證實了誠信領導能夠通過影響下屬的心理資本和積極情緒進而顯著提升下屬的業績。Leroy 等（2012）基於自我決定理論，通過對 25 家比利時企業的 345 名員工及 49 名團隊領導的跨層級分析，證實了誠信領導可以通過滿足下屬的 3 項基本心理需要（勝任需要、關係需要、自主需要）進而提升下屬的業績。Wang 等（2012）通過對 801 名中國員工及其直接上司的研究，提出誠信領導可以通過提升與下屬的領導成員交換關係進而提升下屬的業績。

2.1.5 誠信領導的作用機制

（1）社會學習視角

從 Bandura（1977）的社會學習理論來看，個體的行為以其觀察和學習為基礎，會受到學習體驗和行為經驗的引導，個體的社會學習將有助於其產生新的行為模式。在誠信領導與下屬的人際互動過程中，下屬往往會將誠信領導作為模仿的楷模或榜樣（Gardner, 2005；Hannah & Walumbwa, 2011）。誠信領導身上的積極品質將對追隨者形成強有力的吸引，而領導的可效仿行為使得下屬相信他們可以以同樣的方式行事。Gardner（2005）的研究發現誠信領導可以通過其自身榜樣作用開發誠信下屬。Hannah 和 Walumbwa 等（2011）的研究指出，誠信領導的核心價值理念、誠信行為都會受到下屬的積極模仿，最終增強下屬的社會學習行為和領導自身的行為榜樣作用，因此隨著學習的推進，下屬會逐漸以與誠信領導一致的方式行事。

（2）社會交換視角

從社會交換理論來看，誠信領導的真實可靠容易促使其與下屬形成高質量的交換關係。高質量的關係來自於誠信領導的誠實不欺和正直無私而帶來的下屬對其的信任。Ilies 等（2005）的研究便提出，誠信領導可以通過影響與下屬的領導-成員交換關係質量進而改善下屬的行為和績效。周蕾蕾（2010）證實了領導-成員交換在誠信領導與下屬組織公民行為間的仲介作用。謝衡曉（2007）及 Ahmed（2011）的研究中也分別證實了下屬對誠信領導的信任有利於其工作滿意度、組織承諾的提升。當然，從團隊

層面來看，誠信領導也可以提升團隊內部的信任氛圍進而提升團隊產出效果（Walumbwa et al., 2011）。

（3）自我決定視角

自我決定理論是分析誠信領導對下屬積極影響的重要分析框架，從自我決定理論來看，誠信領導對下屬的積極影響一方面來自誠信領導能夠滿足下屬的3項基本心理需要（勝任需要、關係需要、自主需要）進而促進下屬的積極工作行為及工作績效（Leroy, Anseel, Gardner, 2012）。Yagil和Medler-Liraz（2014）在其研究中提到，下屬在與誠信領導的交往中感到自由、做真實自我並可以表達真實情緒，這將有利於提升下屬行為的真實性。從另一方面來看，誠信領導可以提升下屬的社會認同與自我認同進而促進下屬動機內化而產生積極的行為結果（Walumbwa et al., 2010；張蕾等，2012），如Wong等（2010）的研究發現，誠信領導會通過影響下屬的領導認同，進而作用於工作投入。

2.1.6 誠信領導與下屬心理資本和主動行為之間的關係

（1）誠信領導與下屬心理資本之間的關係

誠信領導對下屬心理資本的直接影響已經得到了廣泛的證實。如Walumbwa等（2010）通過對79名警察團隊領導的跨層次分析驗證了誠信領導可以提升下屬的心理資本進而提升下屬的業績。Walumbwa等（2011）則從群體層次出發，基於146個大型銀行的工作團隊的研究，證實了誠信領導可以通過提升團隊的心理資本及團隊信任進而提升團隊的業績。Rego等（2012）通過對來自葡萄牙的33個商業機構的201名員工的研究，證實了誠信領導可以通過影響下屬的心理資本進而提升下屬的創造力。Peterson等（2012）對美國警察部門的一項縱向研究也證實了誠信領導能夠通過影響下屬的心理資本和積極情緒進而顯著提升下屬的業績。韓翼和楊百寅（2011）通過297份電力企業領導者及員工的配對問卷調查，證實了誠信領導可以通過提升下屬的心理資本進而激發下屬的創新行為。

（2）誠信領導與下屬主動行為之間的關係

誠信領導對下屬主動行為的作用雖然沒有得到驗證，但對於特定類型的主動行為，誠信領導往往對這些行為具有直接或間接的作用。例如，Hsiung（2012）基於交換理論證實了誠信領導可以激發下屬更多的主動建言行為。Walumbwa等（2010）在對中國387名員工及129名直接領導的研究中證實了誠信領導可以影響下屬積極實施組織公民行為。韓翼和楊百寅（2011）在其研究中證實了誠信領導能夠激發下屬工作中的主動創新行為。

Hannah、Avolio 和 Walumbwa（2011）的研究證實了誠信領導可以促使下屬致力於親社會行為。而 Hassan 和 Ahmed（2011）在對馬來西亞的 395 名員工的研究中證實了誠信領導可以通過增加下屬與其的相互信任進而促進下屬更為主動、敬業。誠信領導對下屬主動行為的影響仍有待深入探究。

2.1.7 小結

誠信領導的概念雖然起源於西方，但誠信本身是任何文化背景下都無法迴避的，而在不同文化背景下的學者對誠信領導內涵的理解存在一定的差異。誠信領導特別強調領導者的自我意識，展現高度自律、奉行堅定的價值觀，主張發掘和培養領導者及其追隨者的積極心理能力。但誠信領導還是一個較新的研究領域，未來的研究應該關注以下兩點：一是設計更為精細的實證研究方案優化誠信領導模型，並通過收集量化數據檢驗模型中各變量間的關係；二是通過探尋誠信領導與下屬態度及行為關係的仲介機制和調節機制，深化誠信領導對下屬的作用機制，如組織權力、組織文化及組織結構等情景因素是否對誠信領導效能的發揮起到促進或抑製作用值得深入探究。

2.2 主動行為文獻綜述

知識經濟時代已給組織帶來越來越多的不確定性，組織要想在激烈的競爭中取勝，需要員工以積極主動的方式工作。主動行為又被稱為前攝性行為，自 Bateman 和 Crant（1993）首次通過主動性人格（Proactive Personality）探究員工的工作主動性以來，針對工作場所的主動行為（Proactive Behavior）的研究逐漸成為組織行為領域的研究熱點。

2.2.1 主動行為的提出

（1）現實背景

Hackman 和 Oldham（1976）提出的工作特徵模型認為，員工需要適應工作特徵才能產生高績效。由此，在企業人力資源管理實踐中，人力資源管理的模式是以事為本、因事擇人，企業往往按照工作說明書對員工進行培訓、績效考核以及薪酬制定，員工遵從說明書指派的任務從事工作。但隨著全球化、工作模糊化以及競爭和創新壓力的增加，員工完全遵從工作

說明書的工作模式已經遠遠不夠，當創新要求變高、不確定性增強，員工過去的消極、被動式地接受工作任務的模式已經不合時宜。組織越來越依賴員工在動態的環境中主動掌控環境並主動發現和解決問題，環境的變化引發了研究者對工作場所主動行為的關注。

（2）理論背景

20世紀60年代以來，積極心理學及認知理論的發展促使組織行為研究更多地關注於人的積極優勢和心理能力的驅動。Bandura（1977）提出的社會認知理論認為，個體在面對外界環境時，可以通過反思及自我調節認知和改造外界。社會認知理論並不認同個體行為是外界環境刺激的產物。社會認知理論把社會、環境因素與行為本身結合起來，強調個體本身認知和情感的重要性。Locke（2002）提出的目標設置理論也認為個體的行為依賴於對未來成功與失敗的評估，強烈的目標會激勵個體努力追求目標，因此，在目標追求過程中，個體不僅僅是對組織激勵的被動反應。20世紀末，Luthans等美國管理學家將積極心理學思想引入組織行為研究之中，開始關注於人的積極導向心理特徵的積極組織行為（Positive Organizational Behavior）研究，理論研究視角的改變激發了對員工積極心理狀態及主動性的研究。

2.2.2 主動行為的內涵

主動行為的概念已在多個研究領域之中被提及，牛津辭典（Oxford, 1996）對主動行為的定義為：通過主動性或者預見性創造和控制局勢，而不僅僅是反應；預先採取主動性措施。在早期關於主動行為的研究中，學者往往從個體的個性入手，Swietlik（1968）最早歸納了「主動性」個性和「反應性」個性，但並沒有引起學術界的注意。不同學者已從不同研究視角界定主動行為，比較有代表性的觀點包含以下幾種：

（1）人格特質觀點

對主動行為的研究可以追溯到 Swietlik 關於個體個性結構的研究，他提出了個性結構中的「主動性」個性，但這種提法並沒有真正引起學術界的關注。Bateman 和 Crant（1993）延續了這種主動性個性的觀點，開創性地提出主動性人格（Proactive Personality）的概念，認為主動性人格的個體傾向於識別機會並採取主動行為。主動性人格雖然與大五人格（The Big Five）中的盡責性、外向性存在相關性，但 Major 等仍認為在解釋個體的工作表現時，主動性人格具有大五人格所不具備的增益效度。當然，僅從人格特質來界定個體的主動行為仍然存在一些問題，Bateman 和 Crant

(1993）也認為對主動行為的探索尚需結合情景及心理因素進行分析。

（2）行為模式觀點

Frese 等（1993）提出個人主動性（Personal Initiative）的概念。他們認為個人主動性是一種行為方式或一系列工作行為的集合，是個體超出工作本身規定的一種積極和自我驅動的工作方式。Frese 和 Fay（2001）進而認為，自我驅動、行為領先及堅持不懈是識別個人主動性的主要特徵。Parker 和 Collins（2010）基於行為變革性及影響目標將主動行為整合為三類行為集合。第一類是旨在改變組織內部環境的主動工作行為，如掌控行為、個體創新、問題預防等；第二類是個體改變自己以使其與組織更為匹配的主動行為，如反饋尋求、反饋觀察、職業生涯主動性等；第三類是改變組織戰略以及改變戰略與組織外部環境匹配的主動行為，如問題推銷意願、戰略掃描等。

（3）績效特徵觀點

Griffin 和 Parker（2007）在吸收 Borman 和 Motowidlo（1993）觀點的基礎上整合前人的研究，提出了工作角色績效模型，將工作角色績效劃分為熟練性行為（Proficiency）、適應性行為（Adaptivity）、主動性行為（Proactivity）。其中熟練性行為描述個體有效完成其工作角色的程度，如按時完成工作任務；適應性行為指的是個體對工作環境及工作角色發生變化的適應程度，如適應新的設備、工作流程等；而主動性行為是個體自發性地對工作系統或工作角色甚至自身做出改變，如主動採用新方法完成工作任務。Griffin 等（2007）雖然也認為主動行為應具備自發性、變革性，但他們更強調主動行為的情景特徵，也就是說主動性行為是高度不確定性情景下個體自發對工作角色的超越。

（4）行為過程觀點

Grant 和 Ashford（2008）的研究認為，工作角色不足以作為區分行為主動性的依據。他們認為鑑別行為主動性的最主要的特徵應該在於「事前實施」（Acting In Advance），即未來導向。他們將主動行為定義為個體實施的對自身或環境產生影響的預期行為過程，這個過程包含預期、計劃、實施影響三個階段。從這個觀點來看，主動行為並非總是可以觀測到的外顯性行為，還應該包括個體在實施前的事前預期、制訂行動計劃等內隱部分，僅從行為模式或績效特徵來界定主動行為都將忽視主動行為的動態特徵。Bindl 和 Parker（2009）則基於自我調節理論認為主動行為是一種目標導向過程，包含目標設定及目標達成兩個階段。具體地，他們將主動行為劃分為目標設想、計劃制訂、行為實施及結果反饋四個具體過程。其中，

目標設定包含目標設想和計劃制訂兩個階段，是個體在感知外界環境的基礎上自發設定變革性目標及行動策略；目標達成包括行為實施和結果反饋兩個階段，行為實施是個體追求主動性目標的外顯行為，結果反饋是個體對主動行為實施過程進行評價和判斷進而對後續行為產生影響。

從以上主動行為概念的發展脈絡來看，主動行為自提出以來經歷了從靜態人格特質到動態行為過程的發展脈絡（見表2-4），其概念輪廓已日益清晰。整合以上觀點，本書認為過程論能夠較為全面地體現主動行為的特徵，並將主動行為定義為組織情景中個體為達成自我設定的變革性目標（改變外界環境或改變自身）而努力改變或控製自己的認知、情緒及行為的過程。

表2-4　　　　　　　　　　主動行為概念發展脈絡

研究觀點	概念名稱	定義	作者
人格特質	主動性人格	個體採取主動行為影響周圍環境的一種穩定的傾向。	Bateman 和 Crant（1993）
行為模式	個人主動性	個體超出工作本身規定的一種積極和自我驅動的工作方式。	Frese 等（1997）
	主動行為	帶有變革性的預期行為集合。包括主動工作行為、主動戰略行為及主動職業生涯行為。	Parker 和 Collins（2010）
績效特徵	主動盡責	公民績效的一種，有益於完成工作或任務的行為，包括付出額外努力、行使主動性以及自我發展活動。	Borman 等（1993）
	主動性績效	不確定工作情景下個體自發地對工作系統或工作角色的改變或超越。	Griffin 等（2007）
行為過程	主動性行為	個體實施的對自身或環境產生影響的預期行為過程，這個過程包含預期、計劃、實施影響三個階段。	Grant 和 Ashford（2008）
	主動行為	是一個包括設定主動性目標與努力達成主動性目標的目標導向過程。	Bindl 和 Parker（2010）

2.2.3　主動行為概念辨析

為更清晰地理解主動行為的內涵，我們需要對主動行為的近似概念進行對比分析，如表2-5所示。

表 2-5　　　　　　　　　　　主動行為概念辨析

	相同點	不同點
主動行為與組織公民行為	① 均屬於個體自發行為。 ② 兩者內容上具有交叉性，均包含自願組織公民行為。	① 主動行為無角色內外之分，而組織公民行為是角色外行為。 ② 主動行為更強調行為前瞻性和變革性，組織公民行為強調崗位描述以外的行為。
主動行為與自願工作行為	① 都屬於個體自發行為。 ② 兩者內容上具有交叉性，均包含角色外行為中的建言行為、個體自主性等行為。	① 主動行為無角色內外之分，自願工作行為是角色外行為。 ② 主動行為具有利他性及變革性，而自願工作行為包括潛在危害型行為，如反生產行為、越軌行為等。
主動行為與角色外行為	① 均屬於個體自發行為。 ② 兩者內容上具有交叉性，均包含建言行為、個體自主性等行為。	① 主動行為無角色內外之分，角色內也可以體現工作的主動性，如工作程序改善行為。

2.2.4　主動行為的測量

由於目前主動性行為概念和內涵尚不夠統一，因此對主動行為的測量也存在很大差異。一些研究往往通過某一特定類型主動行為（如主動創新、問題預防、主動職業生涯管理）測量行為的主動性。目前針對主動行為比較具有代表性的測量方式包含以下四種：

第一種是主動性人格測量量表。Bateman 和 Crant（1993）根據主動行為的概念開發了主動性人格量表（Proactive Personality Scale），量表包含 17 個項目，呈單維結構，評定採用 7 點李克特式，α 值在 0.87~0.89 之間。在實際應用中，研究者們還開發了簡縮版本，其中 10 項目版本和 6 項目版本在目前的研究中應用頻率較高。主動性人格並非是一種獨立的人格理論，而僅作為一種穩定的主動行為傾向，所以研究中一些學者也往往採用主動性人格量表來測量主動行為。

第二種是情景訪談測量。為了克服自我報告式測量中的社會稱許性問題，Frese 等（2001）採用情景訪談的方法測量個體主動性。測量主要針對克服障礙和率先行動兩個維度。在測量中訪談者需要首先虛擬 4 個問題情景並要求被訪談者回答自己處理這些問題的方法，然後，訪談者開始設置障礙，在被訪談者提出第一種處理方法時告知他這種方法不可行，並製造第二個障礙，重複這種程序直到呈現完第四個障礙。評定採用 5 點李克特式（1 代表沒有克服障礙，5 代表克服了 4 個障礙）。最後，訪談者還要

評定被訪談者在克服障礙中體現的率先行動的程度。評定採用5點李克特式反向記分法（1代表積極的，而5代表消極的）。克服障礙的評價者的 α 值分別為 0.78、0.82、0.80 和 0.81，克服障礙和行動領先的跨情景內部相關係數平均為 0.52。

第三種是工作角色績效測量。Griffin 等（2007）針對行為的角色績效特徵編制了主動行為的績效測評量表。量表分別對個體層面主動性、團隊層面主動性和組織層面主動性進行測量，每個層面分別對應3個題項，共9個題項。其中，測量個人層面的主動性典型題項如「工作中採用新的方法完成核心任務」，分量表的 α 值在 0.84~0.92 之間；團隊層面的主動性典型題項如「為使工作團隊效率提升而提出建議」，分量表的 α 值在 0.82~0.92 之間；團隊層面的主動性典型題型如「為促進組織整體績效提升而提出建議」，分量表的 α 值在 0.74~0.91 之間。測量採用5點李克特式，被試者評價出過去一個月裡出現主動行為的頻率（1代表從來沒有，5代表很多）。

第四種是主動性目標調節測量。Bindl 和 Parker（2012）認為以往主動行為的測量雖然會出現社會稱許問題，但由於主動行為包含著不可觀測的部分，所以有時採取自陳式的測量方式也是必要的，由此他們編制了基於目標調節的測量方式。首先，他們將主動行為劃分為目標設想、計劃制訂、行為實施及結果反饋4個維度。其中，對於可觀測到的行為實施維度，他們選取了 Griffin 等編制的工作角色績效量表中的個人層面主動性的3個題項進行測量，α 值為 0.89。其次，對於不可觀測到的部分：測量目標預想維度包含3個題項，典型題項如「想方設法節省成本從而提高效率」，分量表的 α 值為 0.86；測量計劃制訂維度包含3個題項，典型題項如「從不同角度設想變革後的情景」，分量表的 α 值為 0.88；測量結果反饋維度題項包含3個題項，典型題項如「從他人那裡獲取主動行為的效果反饋」，分量表的 α 值為 0.91。

四種測量方式中，Bateman 和 Crant 主動性人格測量傾向於通過個體的特質測量主動行為；Frese 等的情景訪談測量重視通過質性研究方法獲取被訪者的真實信息；Griffin 等的工作角色績效測量側重於對不同層面主動行為的測量；Bindl 和 Parker 的主動性目標調節測量則更關注於主動行為的整體動態過程。

2.2.5 主動行為產生機理

(1) 自我決定視角

自我決定理論是 Deci 和 Ryan（1987）提出的關於行為的動機理論，它關注的焦點是人類的行為在多大程度上是自願的和自我決定的。而根據主動行為的特點，Parker 和 Bindl（2010）認為鑑別行為是否主動取決於行為的自發性或自我決定。

首先，根據自我決定理論，自主性動機支持個體出於意願和自由選擇並實施行為。Parker 和 Bindl 認為自主性動機為個體實施主動行為提供了行動的理由（Reason to do）。當然，自主性動機的自主程度是不一樣的，自主程度越高，其對主動行為的預測效果越好，如源於興趣、愛好等內在動機的主動性是最高的。但在現實工作情景中，完全出於興趣或愛好等內在動機的主動行為並不常見。對此，自我決定理論認為對外部目標的認同、吸收及整合可以內化為自主性動機，如以認同調節為特徵的彈性角色定位（Flexible Role Orientation）及建設性變革責任感感知（Felt Responsibility for Constructive Change）對主動行為都具有積極影響（Parker et al., 2006），以整合調節為特徵的職業呼喚（Calling）也會使個體在工作中主動致力於工作重塑（Job Crafting）（Wrzesniewski et al., 1997）。

其次，自我決定理論還對動機的內化過程進行了闡釋：外界環境對個體的 3 項基本心理需要（自主需要、勝任需要、關係需要）的滿足可以促使動機內化為行動的理由，即當環境能夠讓個體體驗到自主性或自我決定時，個體會感到自己能夠主宰自己的行為，其參加活動的內部動機就高。如工作自主性可以使員工在角色、任務、工作等方面自主進行選擇並提升個體自我效能感，進而促進工作主動性；而變革型領導可以提升下屬的自我效能感和組織承諾從而提高下屬的主動性。需要特別注意的是，在主動行為的動機內化過程中，與自我效能感相聯繫的勝任需要也非常重要，這是因為即使個體具備了行動理由，但若感到無法勝任，主動行為也無法實施。研究證實個體行動前的認知驅動（自我效能、控製感評估）與自主性動機對主動行為形成交互影響（Fuller, 2012）。在近年的研究中，關係需要的滿足對主動行為的影響得到了廣泛關注。Deci 和 Ryan 認為人際支持可以為個體提供心理安全感和歸屬感，有利於個體內在動機的激發。主動行為包含著風險和不確定性，心理安全感對主動行為的實施存在積極影響，如 Gong 等（2012）研究發現同事間的信任帶來的心理安全感有助於幫助員工交換信息進而促進其創新行為。Wu 和 Parker（2012）在對個體

依戀風格對主動行為影響的研究中發現，主管為個體提供的安全基地（Secure Base）能夠顯著提升焦慮型依戀與迴避型依戀員工的自主性動機進而使其在工作中更為主動，歸屬感也可以幫助其接受他人信念或價值而實現動機內化。Zhou 和 George（2007）發現，同事提供的建設性反饋及團隊成員的幫助可以將組織承諾度高的員工的工作不滿意狀態轉化為實際的建言行為，並以創造性工作的形式表現出來。自我決定理論為個體實施主動行為提供了重要的理論依據，闡釋了環境因素對個體主動行為實施的重要作用，特別是自主支持組織情景（工作自主性、變革型領導、人際支持及支持性組織氛圍等）與基本心理需要相統一進而將外部目標整合為內部調節的過程。

（2）自我同一視角

Erikson 的自我同一性理論是能夠揭示主動行為產生的又一重要理論依據。自我同一性又被稱為自我認同（Self-identity），是個體對過去、現在、將來「我是誰」及「我將會怎樣」的主觀感覺和體驗，是個體關於自我信念的集合。Marcia（1993）則認為自我同一性表現為探索和承諾兩個階段，探索是個體收集和驗證關於自己、自己的角色的信息以尋求適合自己的目標、價值觀和理想；承諾指個體為實現自我而對特定的目標、價值觀和理想進行的投入和付出。同一性形成是一個主動的過程，它反應著個體獲取一致感、連續感及意義感的內在要求。自我同一性能夠合理解釋組織中的主動社會化行為、主動匹配行為及主動職業生涯行為等主動行為。

首先，從自我同一性理論來看，不確定情景可能造成強烈的迷失感和心理混亂而導致同一性危機，而不確定性的減少可以降低心理衝突及危機感。為解決同一性危機，個體將積極主動地去獲取跟自我相關的各種信息以形成穩定的自我認知。Grant 和 Rothbard（2013）也認為在不確定性情景（角色模糊、環境不確定、職業轉換及組織變革）中更容易產生和實現對環境控製的主動行為。如新員工入職後遭遇到的同一性危機，新員工會通過主動社會化行為中的信息搜尋、構建社會網路以及工作變動協商等主動行為幫助其解決這種潛在危機。需要特別指出的是，個體主動尋求信息是為獲取真實自我評價還是為了積極自我評價有時是存在衝突的，多種動機的衝突和平衡一直是信息尋求行為懸而未解的問題，研究者往往將自我保護動機和印象管理動機作為尋求反饋的主因，進而對這種行為主動性的動機產生較大的爭議。但顯而易見的是，不確定情景中個體的主動行為的動機應該來源於個體對內在自我同一性的追求。

其次，自我同一性還引導個體思考未來，並對職業生涯主動行為也有

較好的解釋效果。Luyckx 等（2006）認為個體對職業的探索及做出職業承諾的過程也是自我同一性的發展過程。個體擁有了清晰的職業自我概念或職業目標後，將通過主動制訂職業計劃、提高職業技能或向同事諮詢以達成未來職業自我同一性。而缺乏職業自我概念的個體將出現職業決策困難。Strauss 等（2012）的研究證實了未來工作中的自我概念將顯著影響個體的職業生涯主動行為，代表自我概念激活可能性的未來工作自我凸顯（Future Work Self-salience）與代表未來自我概念清晰度的未來工作自我細化（Future Work Self-elaboration）對職業生涯主動行為的影響存在交互作用。當個體未來職業同一性達成時將形成強烈的認同承諾，這種高度職業認同形成的「召喚」又將激發個體工作中的主動性，這與自我決定理論的解釋結果是一致的。自我同一性理論詮釋了個體尋求內在一致性和連續性動機對主動行為的積極影響，對不確定情景中以改變自身為目標的主動行為有較好的解釋效果。

（3）情緒激活視角

情緒也具有動機的效果，情緒的享樂色彩將引起個體特定行為，如興趣、快樂等可以內在地驅動人們從事某種行為。在 Russell（2003）提出的情緒維度理論中，情緒的效價與喚醒兩個維度都對主動行為有顯著影響。早期的研究中重視情緒效價維度對主動行為的積極影響，研究者往往基於 Fredrickson 等（2001）的情緒擴展－塑造理論認為積極情緒能夠擴展人們的思維行動傾向，幫助個體設定挑戰性的目標並努力實現。較具有代表性的研究例如：Isen（2001）發現積極情緒與個體的獨創性正相關；Fritz 和 Sonnentag（2009）的研究發現積極情緒還可以引發後續數天的主動行為。而消極情緒不利於個體實施主動行為，因為消極情緒要消耗一定的認知資源以防禦焦慮、悲傷、恐懼等情緒可能造成的傷害，其結果將阻礙個體實施主動行為。但僅從情緒的效價維度研究情緒對主動行為的影響，無法揭示一些矛盾現象，如焦慮、憤怒等消極情緒也可以驅動個體實施主動行為，而以滿足、寧靜為代表的積極情緒卻無法帶來個體的主動性。研究證實，被激活的情緒更有利於個體實施主動行為。Bindl 等（2012）的研究證實了激活的積極情緒能夠顯著地影響個體主動目標調節中的各個階段。Porath 等（2012）的研究也發現，工作中積極情緒激活帶來的旺盛感（Thriving）會促使員工主動尋求職業中的學習和成長的機會。此外，激活的消極情緒由於可以提升個體心理和行為的警覺程度而使個體變得積極主動。例如，個體可能因為對組織的某一現狀感到憤怒而主動建言（傅強、段錦雲、田曉明，2012）；Ohly 等（2006）發現時間壓力和情景壓力等壓

力源能夠帶來工作中的主動行為；Ohly 等（2006）認為雖然壓力是負性的工作特徵，但適當的壓力將激活焦慮等消極情緒，時間越緊迫，員工內心可能越焦慮，但也越可能激發其創新行為。情緒對主動行為的影響已經引起了研究者的注意，情緒對個體主動行為的影響依然存在很多的爭議和分歧，值得進一步探索。

2.2.6 主動行為的前因和結果

Bindl 和 Parker（2010）整合了現有關於主動行為的研究，提出了主動行為的整合模型，系統闡釋了主動行為前因變量、仲介機制、結果變量與情景因素（如圖 2-3 所示）。主動行為前因變量主要包括個體因素與情景因素。個體因素包括人口統計特徵、人格特徵、知識和能力；情景因素包括工作特徵、領導風格及組織氛圍。主動行為結果變量可以分為三個層次：個體層次結果變量、團體層次結果變量和組織層次結果變量。

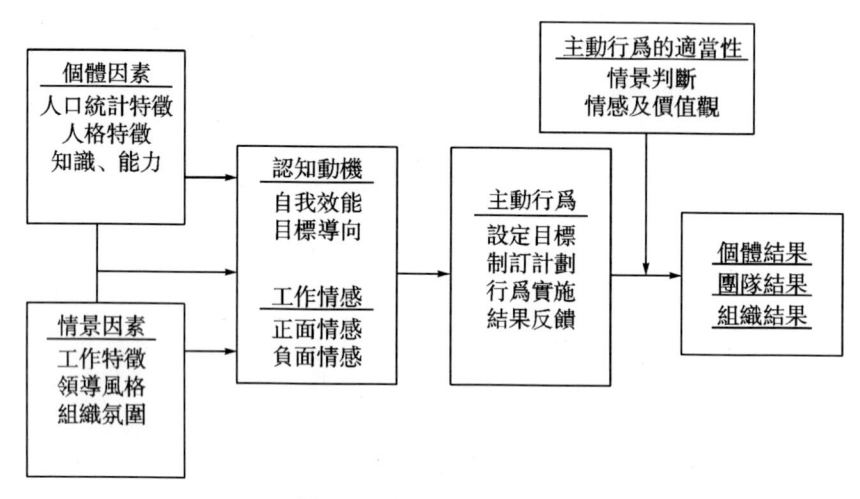

圖 2-3 主動行為整合模型

資料來源：Parker S K, Bindl U K, Strauss K. Making things happen: a model of proactive motivation [J]. Journal of management, 2010, 36（4）: 827-856.

（1）主動行為的前因
①個體因素。

a. 人口統計特徵。個體的人口統計特徵與主動行為存在一定的關係。首先，低年齡個體由於遠未達到其職業的終點，受職業理想的引導將更多地實施職業生涯主動行為。Kanfer 等（2001）研究發現，年齡與主動工作尋找行為呈負相關關係；Warr 和 Fay（2001）通過縱向訪談發現年齡與個

體-環境匹配行為負相關。未來將進一步探討工作年限與主動行為之間的關係。其次，關於性別與主動行為之間的關係的研究存在著不同的結果。例如：在工作搜尋中，男性比女性體現出更多的主動性；同時，男性也比女性表現出更多的進諫行為，但結果顯示性別對主動行為的影響並不顯著。

　　b. 人格特徵。人格特徵是預測主動行為的重要前因變量。首先，主動性人格對主動行為有顯著影響。Crant（2000）認為主動性人格是影響主動行為的穩定的個體差異變量。具有主動性人格的個體將在社會網路構建、職業生涯管理、主動擔責及建言方面表現得更為主動。其次，Wanberg（2000）的研究發現，大五人格特質中的外向性、開放性與主動行為中的反饋尋求行為、關係構建行為正相關，而對組織和自身都具有高度責任心的個體將主動和環境進行匹配，為適應環境而主動搜尋信息和制訂職業計劃。

　　c. 知識與能力。個體具備的知識和能力往往對其主動行為的實施有重要的影響。個體在其擅長的專業領域可能會實施更多的主動行為，而個體在工作中的認知與能力匱乏時，很難積極主動提出新的想法或給予積極反饋。Frese（1996）的研究表明，任職資格和個人主動性積極相關，知識、技能和能力在這個過程中扮演著最根本的角色。Hunter 和 Schmidt（1996）的研究發現，情緒、智能高的個體往往有更高的績效，而這種績效的發揮要歸功於個體在工作場所中的主動行為的發揮。

　　②情景因素。

　　a. 工作特徵。工作特徵是影響個體主動行為的重要組織因素。工作結構能夠影響員工的動機、行為和心理健康。例如：Griffin 等（2007）的研究發現，員工在遇到模棱兩可的組織環境時，會主動通過尋求反饋、構建社會網路使自己對其所處的環境進行預測、影響及掌控。而在擁有高度工作自主化的情況下，個體會自由決定行動內容、時間以及方式，消除不確定性，引發後續主動行為。Frese、Garst 和 Fay（2007）的研究發現，工作自主性、工作控製和工作複雜性等都與主動行為正相關。Parker 等（2010）的研究發現，工作豐富化正向預測自我效能感和彈性角色定位，進而影響個體實施主動行為。研究結果表明，不同的工作設計對主動行為的影響差異顯著，柔性管理、工作豐富化與充分授權將有利於個體主動行為的發揮。

　　b. 領導風格。領導行為方式與風格會影響下屬的主動行為。首先，在領導風格類型中，變革型領導可以通過提升下屬的組織承諾、擴展角色及

提升下屬的自我效能感而顯著影響下屬的主動性。例如：Rank 等（2007）發現變革型領導會引導下屬超出工作標準，並正向預測上級評定的個體創新行為；Burris 等（2008）的研究發現，在控製了個體人格、滿意度和工作特徵等變量之後，變革型領導、管理開放性與進諫行為正相關；薛憲方（2011）的研究發現，在對個人主動性的預測中，變革型領導在交易型領導的基礎上產生了增量效度，自我效能感在領導風格和個人主動性之間起到了仲介作用。其次，領導-成員交換關係會對個體主動行為產生一定的影響，如果領導與下屬建立了良好的信任關係，下屬會更傾向於實施主動行為。同時，良好的領導-成員關係也將激發個體的創新行為與建言行為（Janssen & Van Yperen，2004）。但如果領導與下屬之間缺乏信任感與責任感，下屬的心理安全感會降低，進而喪失個人主動性。領導對下屬主動行為的影響將成為進一步研究的重點。

c. 組織氛圍。組織氛圍是組織成員對組織工作環境的感知，組織氛圍能夠通過影響個體的態度進而影響員工行為（Ceampbell，1970）。首先，組織氛圍將影響個體對組織的認同，而個體對團隊或組織的認同感越高，則越可能具有較高的心理所有權而主動設置工作目標（LePine & Van Dyne，1998）。其次，在人際關係融洽的群體中，個體更容易實施主動行為。Parker 等（2010）的研究發現，員工之間的信任能夠激發個體的主動行為。Griffin 等（2007）的研究也發現，組織中的信任會影響主動創新行為，即在組織水平上，創新氛圍對創新行為極為重要，同事間相互鼓勵有利於個人創新行為。Grant 和 Ashford（2008）也提出，工作情景和個體氣質的特定結合可能引發不同的主動性行為。

（2）主動行為的結果

①個體層面結果。主動行為個體層面的結果主要體現在個體的績效、職業發展、工作滿意度等方面。首先，高主動性的個體具有長期導向，會對工作未來的挑戰和要求主動進行預測，而且會主動地去學習和克服障礙，高主動性個體將有更高的工作績效。例如，Morrison（1993）的研究發現，尋求反饋行為與信息搜索行為將對個體績效產生積極影響。其次，主動行為對個體的職業發展也會產生積極的影響，高主動性的個體往往具有職業生涯的主動性。例如，Frese（1996）的研究發現，高主動性個體會積極規劃自己的職業生涯並加以實施；Kim（2008）的研究也證實了主動行為能夠提高員工自身和組織的匹配程度，提高員工自身的組織適應能力並促使其達成職業目標。最後，實施主動行為的的個體擁有較高的工作滿意度。如 Seibert 等（2001）的研究顯示，具備職業生涯主動性的個體具有

較高的職業滿意度。

②團隊與組織層面結果。主動行為的結果也體現在團隊與組織層面。一方面，在團隊層面，Kirkman 和 Rosen（1999）的研究發現，由上級評定的團體主動性行為對團體顧客服務水平和團體生產率有積極影響，並與團體員工的總體工作滿意感、總體組織承諾、團隊承諾正相關。團體水平的主動性正向預測團體績效。另一方面，在組織層面，Frese 和 Fay（2001）指出，個人主動性就是積極地應用計劃、反饋處理個人和組織遇到的問題，不僅僅體現在個體和團隊層面。組織層面的主動性可以積極預測組織敬業度及財務績效，如 Thompson（2005）在其研究中發現，員工的主動行為可以提升組織業績，有效提升顧客滿意度。

(3) 主動行為的情景因素

主動行為雖然可以給個體和組織帶來積極的結果，但主動行為也具有風險性。主動行為有時得不到主管及組織的認可，這時主動的個體往往選擇離開常規的工作而帶來工作環境的改變，這就增加了犯錯誤的可能性，從而給實施主動行為的個體帶來一定的風險，使得主動行為適得其反，因此主動行為存在著情景適當性。Seibert 等（2001）發現，工作中經常建言的員工由於得不到上司的認可而致其職位與薪酬難以得到改善。由此，Chan（2006）指出，只有將情景判斷結合的主動性個體才能取得更高的績效和工作滿意度。Grant 等（2008）研究發現，領導會對下屬的主動行為進行不同的歸因，領導往往對具有自利動機（為了晉升、獎勵及討好上司）的主動行為比較排斥，而對於那些具有親社會價值傾向的主動行為的個體給予較高的績效評價。因此，個體在實施主動行為中的情景判斷、親社會價值觀及情感都會影響主動行為的效果。

2.2.7 小結

主動行為的界定自提出以來經歷了人格特質到行為過程的發展歷程，Bindl 和 Parker（2011）的行為過程觀點較好地體現了主動行為的動態性，在一定程度上起到整合的效果。但由於概念剛剛提出，並未對主動行為的自我調節過程中體現的主動性進行深入分析。未來的研究應該重視以下幾個方面：一是延展主動行為的內涵。主動行為是個體自我調節的過程，但仍需要實證依據給予驗證，主動行為內隱部分的特徵仍需深入的揭示，這樣才能全面理解主動行為的動態過程，對不同行為體現的主動性能給予更為全面的闡釋。二是拓寬現有的研究視角，從資源視角探索主動行為的內在機理。Baumeister 等（2000）認為自我的活動中主動發起或抑制某種

行為都需要能量的參與，資源實際水平影響著自我調節的成功與否。Hobfoll（2011）的資源保存理論也從另外一個角度出發，揭示了資源對個體自我調節的重要性。這個視角在研究中已經得到部分體現，例如：Sonnentag（2003）的研究揭示了非工作日的能量恢復對主動行為實施存在著積極影響；Bolino 等（2010）也基於資源觀點認為主動行為的潛在危害在於主動行為的資源依賴性將可能導致工作壓力的增加及人際關係的緊張。未來可以深入探究心理資源對主動行為的影響，如心理資本對主動行為實施的促進作用。三是主動行為的跨文化研究。在中國文化背景下，員工過於主動有可能會被其上司視為對自身的一種威脅，同時主動行為也有可能是一種人際間的冒險性行為，在這種情景下實施主動行為的不確定性高。由此，跨文化視角成為主動行為研究的另一個重點。

2.3 心理資本文獻綜述

2.3.1 心理資本的提出

20世紀50年代以來，隨著人本主義心理學的興起，心理學的研究方向和研究視角發生了轉變，如以 Maslow 和 Rogers 等學者的研究為代表，這些學者的研究推動了心理學研究更多地關注人的積極狀態、情感及特質。尤其在二戰後，西方經濟體在生產、生活方面得到快速恢復和發展，人們對改變並超越現狀的需求有強烈的渴望。在這種時代背景下，20世紀末，時任美國心理學會主席的 Seligman 等心理學家發起了積極心理學運動。積極心理學將人類的美德和力量等積極方面作為其重要的研究方向，並應用有效和完善的實驗方法探究人的優秀品質、積極情感以及積極心理狀態，著力提升人的幸福感和自身發展潛力。數個世紀以來，大多數的心理學研究圍繞著人們的消極情緒及行為進行研究，而積極心理學重點幫助普通人生活得更美好、更健康並促進個體、組織及社會的繁榮發展。因為雖然人們所處生存環境和內外在條件存在種種困難，但大多數人對快樂、幸福、尊嚴等的向往是一致的[①]。積極心理學同時也拓寬了組織行為研究的視角，其中以美國著名管理學家 Luthans 為首的一批組織行為學者，將

---

① 克里斯托弗·彼得森. 積極心理學［M］. 徐紅，譯. 北京：群言出版社，2010.

積極心理學研究引入組織行為學的研究領域，提出了積極組織行為（Positive Organizational Behavior）。積極組織行為學即通過利用積極導向的心理特性和能力來獲取持續的人力資源競爭優勢。Luthans 等在對積極組織行為學研究對象界定的基礎上於 2004 年提出了積極心理資本（Positive Psychological Capital）的概念。

傳統的人力資本理論受到經濟學家的普遍重視，但並未將心理因素納入人力資本範疇。人力資本中的知識、經驗被稱為顯性知識，是大多數企業選拔人才與投資的基礎，且容易測量與評價，而心理健康因素則被排除在人力資本的範疇之外。但在企業管理實踐中，心理因素對員工績效和企業績效的影響已不容忽視，因此，一些研究者普遍認為可以將與人力資本及社會資本性質類似的積極心理要素稱之為心理資本[1]。

2.3.2 心理資本的內涵

Luthans（2004）在界定積極組織行為學的過程中，將心理資本（Psychological Capital）界定為個體在成長和發展過程中表現出來的一種積極心理狀態。主要包含四個核心構成：樂觀（Optimism）、自我效能（Self-efficiency）、韌性（Resiliency）和希望（Hope）。但長期以來，由於研究視角的不同導致了對心理資本的界定不盡相同，其中有代表性的觀點如下：

（1）個體特質觀點

一些研究將心理資本定義為個體的特質，如 Goldsmith 和 Darity（1997）將心理資本定義為影響個體生產率的一些個性特徵，Tettegah（2002）將心理資本定義為個體對自我和工作的倫理觀點和人生態度。Hosen 等（2003）提出心理資本是個體的一種穩定性心理基礎架構（Psychological Infrastructures），這種穩定性的心理架構可以通過學習或其他方式投資後獲得，他進而認為心理資本應該包含認知能力、個性特質、有效的情緒交流品質及自我監控。Letcher 等（2004）的研究觀點認為，心理資本就是人本身的人格特質，可以在一定程度上等同於「大五人格」。Cole（2006）的研究也將心理資本看作是影響個體行為和績效的人格特質。將心理資本定義為個體的人格是心理資本研究的一個重要取向，顯示了心理資本構念本身包含著個體先天及後天共同的結果。

（2）心理狀態觀點

另一個對心理資本研究的主流是將心理資本定義為個體在一段時間內

---

[1] 路桑斯. 心理資本 [M]. 李超平，譯. 北京：中國輕工業出版社，2008.

的心理狀態，比較有代表性的觀點如 Avolio 等（2004）認為心理資本是個體積極心理狀態的集合，這種積極的心理狀態能夠促進個體快樂地工作，實施積極的組織行為並努力地去做正確的事，最終獲得較高的工作滿意度和業績。Avolio 等（2004）進而認為心理資本應該包含著自信、積極歸因、韌性、希望及樂觀等要素。Luthans（2005）也將心理資本界定為通過個人積極心理能力而在特定情景下完成任務、獲得業績並取得成功的積極心理狀態。它並非特質，而是一個由多種因素構成的綜合體。為證明心理資本是狀態型的構念，Luthans 也認為心理資本的 4 個子成分（自我效能、樂觀、韌性和希望）都處於特質-狀態的連續體上並偏向狀態的一端。心理資本狀態性觀點更適宜心理資本的開發以幫助組織獲取優勢，導致這種觀點在心理資本研究中占據主流地位。

（3）類狀態觀點

心理資本兼具個體特質和狀態性的特點，因此 Avolio 等（2006）使用了「類狀態」的觀點。特質和狀態本身並不矛盾，它應該是同一維度上的兩個極端。從資本的角度來看，心理資本是個體的重要的心理資源，它與個體的人力資本與社會資本關注的焦點一樣，可以通過干預措施進行開發。

顯然，國內外對心理資本的界定還不夠整合，本研究將從個體特質視角出發。心理資本具有動態人格的特點，但是它雖然具有個體特質的特徵，卻又不像大五人格的靜態性。Mischel（1994）提出的動態人格理論為理解心理資本的內涵開闢了新思路。他認為心理資本也是個體個性系統的複雜的認知-情感單元（CAUs），心理資本的自我效能、樂觀、希望、韌性是個體重要的心理表徵，CAPS 理論假設個體的認知-情感單元穩定但也存在差異，個體在面臨某種情景特徵時，心理資本的一些特徵將被激活，進而產生外顯行為。可以看出這個心理資本必須包含幾個重要特徵：一是積極性。它是積極心理學的核心構念。Seligman（2002）認為那些將導致個體積極行為的心理因素都可以納入資本的範疇，若拓展至組織行為研究領域，心理資本的積極性將體現在個體的積極組織行為上。二是資源性。心理資源是人們內心深處珍視的事物，心理資本包含的自信、樂觀、韌性等是個體重要的心理資源，所以心理資本是心理資源的高階構念。心理資本同人力資本一樣，可以通過開發利用轉化為組織的核心優勢。三是動態性。從 Avolio（2006）對心理資本「類狀態」的界定可以看出，心理資本的穩定具有相對性。心理資本可以被定義為個體的特質，這種特質也是個體的動態人格，僅是個體相對穩定性的心理表徵，具有跨情景一致的特

徵，但也具有情景間的差異。基於以上觀點的總結分析，本研究將心理資本界定為以自信、希望、樂觀及韌性為心理表徵的個體動態的積極心理資源，這些心理資源能夠促進個體實施積極組織行為。

2.3.3 心理資本的維度

（1）自我效能

Bandura（1986）提出的自我效能（Self-efficiency）是指個體對於自己能否克服困難或者應對挑戰的自我信任程度，是個體對自我能力的主觀判斷和感知。Bandura（1986）認為自我效能是個體發揮積極性的最重要的心理機制，只有個體相信「我能」，才會有行動的動機，工作場所中的自我效能是個體調動自身認知資源並完成任務的行動能力。Bandura（1986）也認為，除非人們相信他自己能得到想要的且能防止不想要的結果，否則他們很難產生動機。自我效能作為自我的積極認知，是人們實施主動行為的積極核心動力。

（2）希望

希望是一種非常普遍的心理現象，當代心理學比較認可的是希望中認知成分與情緒成分並存的觀點（任俊，2006）。希望是個體對目標能夠實現的所有察覺，是目標導向的認知過程。Snyder（2002）對希望進行了詳細的界定。他認為希望是一種積極的動機性狀態，這種狀態是以追求成功的路徑和動力交互作用為基礎的。Snyder（2002）強調，希望應該具有3個最主要的成分：目標（Goals）、路徑思維（Pathways Thoughts）和動力思維（Agency Thoughts）。研究表明，希望對個體的學業、健康、工作績效有很好的預測效果（Curry，1997；Marques，2011）。高希望者往往因為擁有積極的認知能力和正面的思想觀念而有較好的自我調適能力。高希望者在應對外界困難時，能夠將注意力集中在成功上，進而主動尋找解決問題的替代路徑，增加達成目標的可能性，因此，具備高希望的人往往更易實現自己的成就目標。

（3）樂觀

Scheier等（1986）認為氣質性樂觀是對未來好結果的總體期望。Avolio等（2006）提出，樂觀是從積極的角度來對結果進行預期，同時又能夠對結果進行積極歸因的認知特性。這種認知特性可以分為兩種：樂觀解釋類型（Optimistic Explanatory Style）及悲觀解釋類型（Pessimistic Explanatory Style）。樂觀解釋風格會將遭遇到的不好的事件解釋為外部不穩定的、具體的原因，而悲觀的解釋風格恰恰相反。樂觀具有人格特質的特

點，但樂觀也是調節身心健康的一種重要的內部資源。

（4）韌性

韌性（Resilience）也被稱作「復原力」或「心理彈性」，它來源於20世紀前半葉對逆境中兒童的研究。中國傳統文化用「韌性」來形容那些在壓力和威脅下百折不撓、堅強不屈的人，如「君子以自強不息」「士不可以不弘毅」。美國心理學會（APA）將韌性界定為個體在面對挫折和壓力時的「反彈能力」，也是個體在面臨逆境、悲劇、創傷或威脅等生活中的負性時間的良好適應。韌性是人類的一種自我調節機制，它推動著人們去克服生命威脅、去追求自我實現。

2.3.4 心理資本的測量

由於對心理資本的界定存在一定的爭議，因此很多學者根據不同的研究開發了心理資本的測量工具，其中國內外比較有代表性的心理資本測量如表2-6所示。

表2-6　　　　　　　　　心理資本測量方式匯總

研究者	量表	維度
Goldsmith 等（1997）	心理資本量表	自尊
Jensen（2003）	心理資本評價量表	自我效能感、希望、復原力、樂觀狀態
Larson 等（2004）	心理資本量表	自我效能感、樂觀和復原力
Page 等（2004）	心理資本表	希望、樂觀、自信、復原力、誠信
Avey 等（2006）	心理資本狀態量表	復原力、希望、自我效能感、樂觀
Luthans 等（2006）	心理資本問卷	希望、現實性樂觀、自信、復原力
惠青山（2009）	心理資本量表	冷靜、希望、樂觀、自信
柯江林等（2009）	心理資本量表	事務型心理資本、人際型心理資本
田喜洲（2009）	心理資本量表	樂觀、自信、積極能力、希望、堅韌
李超平（2008）	心理資本量表	自信、希望、樂觀、韌性

從國內外針對心理資本的量表開發及維度劃分的研究中可以得出以下結論：第一，由於研究者研究視角及研究樣本的差異，導致了對心理資本的測量及內部結構劃分存在差異。第二，雖然學者對心理資本的構成維度存在分歧，但其中包括自信、韌性、樂觀、希望在內的4個重要的維度已經得到了研究學者的一致認同。

2.3.5 心理資本的實證研究

（1）心理資本作為前因變量的相關研究

研究表明，心理資本對組織中個體層面、團隊層面及組織層面均有積極的影響效果，也就是說心理資本與人力資本一樣，能夠幫助企業獲取競爭優勢（Luthans，2007）。大量的研究已經驗證了心理資本對員工的態度、行為的積極影響，典型的研究如 Avey 等（2006）以 105 名工程管理人員為研究樣本證實了心理資本對自願曠工和非自願曠工的影響，結果表明心理資本中希望、樂觀兩個維度與員工的非自願和自願曠工存在負相關關係。仲理峰（2007）通過實證研究證實了心理資本對員工的組織公民行為以及組織承諾的積極影響。Milan 和 Luthans（2006）以製造業員工為研究對象，通過探索性研究也證實了心理資本對組織承諾的顯著影響。國內的研究中，惠青山（2009）通過對 1,468 個有效樣本的調查研究，在其博士論文研究中證實了心理資本（整體）對組織承諾、利他行為、利同事行為、人際和諧、工作滿意度等有顯著的正向影響，對離職意向有顯著的負向影響。田喜洲和謝晉宇（2010）通過對酒店行業員工的實證研究也證實了心理資本可以直接影響員工的態度，如留職意願和員工滿意度。王立（2011）在其博士論文中研究了員工工作友情對員工建言行為的影響機制，證實了心理資本對員工建言的正向影響。趙斌等（2012）在對天津、北京部分企事業單位中的 264 名員工的研究中證實了科技人員的心理資本對其創新行為的促進作用。

心理資本對個體業績有積極的影響也已經得到廣泛的驗證，具有代表性的研究如 Judge（2001）對心理資本的元分析研究，該研究發現心理資本能夠解釋員工自評績效 20%~30%的變異。而 Luthans 等（2005）的研究也表明心理資本與上級評價的員工的工作績效有著積極而密切的關係。Youssef 和 Luthans（2007）的研究也證實了積極心理資本能力將顯著影響員工自我評價的績效和組織評價的績效。

（2）心理資本作為仲介變量的相關研究

一些學者還將心理資本作為仲介變量納入組織行為研究中。Luthans 等（2008）的研究證實了心理資本在員工感知的支持性組織氛圍和員工績效關係間起仲介橋樑作用。Walumbwa 等（2010）的研究發現，下屬心理資本在領導心理資本及下屬績效之間起仲介作用。Walumbwa 等（2011）在基於團隊的研究中發現，團隊心理資本在誠信領導與下屬團隊績效之間起仲介作用。國內對心理資本的仲介機制的研究也比較豐富，其中具有代表

性的觀點如田喜洲和謝晉宇（2010）證實了心理資本在組織支持感與員工工作行為間起仲介作用。隋楊等（2012）的研究發現，下屬的心理資本在變革型領導與下屬工作績效及滿意度的正向關係中起部分仲介作用。韓翼和楊百寅（2011）通過層次迴歸分析驗證了心理資本在誠信領導與下屬創新行為之間起完全仲介作用。王立（2011）研究發現心理資本在員工的工作友情與建言行為之間起部分仲介作用。李磊等（2012）以230名MBA（工商管理碩士）學員為樣本證實了下屬心理資本在變革型領導行為與下屬工作績效的關係中起仲介作用。周菲等（2012）利用在全國不同地區30家企業調查的322份樣本驗證了心理資本在高績效工作系統對員工工作行為的影響中起部分仲介作用。任皓等（2013）也基於團隊驗證了團隊成員層次的心理資本是領導心理資本與團隊成員組織公民行為之間的仲介變量。

2.3.6 心理資本與主動行為之間關係的研究

心理資本對特定主動行為存在一定的影響已經得到了部分證實。趙光利在研究中證實了個體的心理資本能夠促進個體的主動、敬業精神。王立（2011）在研究心理資本的仲介作用中，證實了心理資本能夠促進下屬主動建言。韓翼和楊百寅（2011）通過層次迴歸分析證實了個體的心理資本能夠激發其在工作中主動創新。而心理資本各維度中，自信代表的自我效能與主動行為之間的顯著關係已經得到了證實，如Parker和Bindl（2010）將自我效能歸類於主動行為中的「我能」的心理機制中。Kanfer等（2001）研究發現工作搜尋的自我效能感顯著影響主動搜尋行為；而角色寬度自我效能（Role Breadth Self-efficiency）也能較好地預測主動建言、掌控及問題解決等主動行為（Parker & Williams，2006；Morrison & Phelps，1999）。

2.3.7 小結

心理資本代表個體積極的心理狀態，它可以開發加以有效利用，正是出於這一點，關於心理資本的研究引起了廣泛的關注。綜合以上分析我們認為，心理資本的研究將有待在以下幾個方面深化：一是對心理資本內涵的拓展和深入。自心理資本概念被提出以來，眾多學者對心理資本的界定存在較大分歧，如心理資本的特質性使得心理資本具備動態人格的特點。同時，對心理資本構成要素的選取也存在分歧，進而導致了研究結果的差異。二是加強對心理資本作用機制的研究。心理資本是積極組織行為的核

心構念，代表個體內在的潛能，對深入理解個體及團隊在組織內的行為模式及特點意義重大，如研究心理資本對個體的主動性、團隊的士氣的影響，能夠有效地將心理資本這一積極力量轉變為組織的積極優勢。三是對心理資本研究方法的拓展。現有的關於心理資本的研究往往是採用橫向截面的研究範式，而心理資本作為個體動態的心理狀態，對其進行縱向的跟蹤研究將更能體現心理資本在外界因素影響下的變動趨勢。

2.4 傳統性文獻綜述

2.4.1 傳統性的提出

中國過去 30 年急遽變化的經濟發展過程中，社會的價值觀也經歷了強烈的衝擊和震盪，中國人的價值觀也一直發生著變化，如部屬關係、個人控制以及道德取向等。在這樣一個價值體系混亂、混沌的社會中，企業的管理實踐應當如何處理與社會文化環境的關係是一個被管理學者熱議的課題。大多數學者認為，中國企業的管理必須能夠適應中國特殊的文化環境，不能照搬西方的管理實踐，否則將水土不服。仔細分析一下中國的社會文化環境，一般離不開兩個基本特色：強調人際關係和等級距離。在人際關係方面，我們注重人情、面子、和諧、裙帶關係；在等級距離方面，我們注重地位、權力、下級服從上級。而在中國加入世界貿易組織後，企業管理方式的國際化也日益加快，從 20 世紀 80 年代以來，對中國管理進行的研究快速增多，但客觀地說，在美國誕生的大多數組織與管理理論都具有情景專有性。也就是說，借鑑跨情景理論借鑑的時候要進行本土化理解，依據情景依賴性理論：所有的組織理論均以各自的方式依賴於情景，也就是將現存的綜合信息（文化普遍性）與新情景的關鍵信息（文化特殊性）結合的迭代、循環（Peterson，2001）。有效地解釋情景因素已經引起了組織管理研究學者的日益重視（Griffin，2007；Heath & Stikin，2001；John，2006）。研究結果表明，情景因素往往具有調節作用。中國是一個儒家傳統的國家，中國文化背景下的員工的工作場所行為常常受到文化的濡染，立足於中國文化背景對員工的行為進行分析意義重大。能夠代表中國傳統文化的構念很多，如中庸、面子、人情等（楊中芳，2009；黃光國，2006）。傳統性（Chinese Traditionality，CT）指的是中國傳統文化對人的

要求下個人所具有的認知態度與行為模式，在一定程度上代表員工對依據儒家五倫思想所定義的等級角色關係的認可程度。傳統性是針對現代性提出的，現代性往往是指現代化社會中個人所具有的思想觀念、價值取向、氣質特徵、認知態度及行為意向。

2.4.2 傳統性的內涵

Schwartz 等（1992）在對價值觀的文化研究中提到，傳統性是對一個社會中的文化習俗或宗教意識的遵守及接受。臺灣學者楊國樞經過多年的研究提出了個人傳統性（Individual or Psychological Traditionality）和個人現代性（Individual or Psychological Modernity）的概念。其中傳統性是在中國傳統文化背景下個體所具有的一組特徵模式，它包含了個體的氣質、態度、動機及評價等諸多方面，並且仍然能在當代中國社會的人們身上發現這種特質。楊國樞利用因子分析探討了傳統性的構成維度，包含男性優越、遵從權威、宿命自保、孝親敬祖及安分守成 5 個維度，其中，遵從權威的表現在 5 個維度中是最顯著的。傳統性是對傳統社會習俗與規範的承諾、尊重與接受。從 Hofstede（1997）提出的權力距離來看，傳統性與權力距離在內涵上最為相近，也就是說中國人的傳統性往往體現在上下級關係中，常常表現為傳統社會所強調的「上尊下卑」的角色關係與義務，下級應無條件地尊敬和服從上級（劉軍、富萍萍、張海娜，2008）。Farh 等（1997）認為傳統性作為中國傳統文化在個體身上的延續，代表了員工對上級的服從程度以及其對組織的歸屬程度。他們也把傳統性這個構念引入組織研究之中，在組織情景中，員工的傳統性越強，越會恪守自己「卑」者的角色，遵從處於「上」位的領導者，不會輕易有犯上越矩的舉動（吳隆增、劉軍、劉剛，2009）。傳統性的內涵要更廣於權力距離，因為它包含了儒家文化中所描述的道德色彩，因此更適宜作為代表中國情景的調節變量。楊國樞（2002）的研究指出，個人擁有的傳統性心理與行為並不會因社會的變化而消失不見，而會適應現代生活的心理與行為共同並存，形成其獨特複雜的心理特徵。

2.4.3 傳統性的測量

楊國樞、餘安邦、葉明華（1989）遵循嚴格的心理計量程序，編制了《多元個人傳統性與個人現代性量表》，並通過因子分析獲得了個人傳統性的 5 個主要成分：遵從權威、孝親敬祖、安分守成、宿命自保以及男性優越。其中，遵從權威指的是遵從、順從、尊重及信賴在社會交往及角色關

係中的權威，對首長、領袖、父母等傳統權威依賴的程度愈強，其遵從權威的心態也就愈強；孝親敬祖即孝敬父母並敬祭祖先，具體表現為不違背父母意志、尊重父母意見、供養父母、繼承父母志業；宿命自保包含著宿命和自保兩種態度，自保即強調保護自己、家人並少惹麻煩，表現上往往是積極的自利行為，而宿命強調應服從命運對自己的安排而少去作為；安分守成包含著安分和守成兩種相關的態度，守成即坦然接受現實狀況，而安分則強調與人無爭、與世無爭，本分而不做非分之想；男性優越則代表男性優於及超越女性的態度。該量表採用李克特 6 點量尺來測量，其中 1 分表示非常不同意、6 分表示非常同意，共 48 個題項。典型題項例如：做人做事要拿捏分寸，不走極端；處理事情前應多聽聽別人的意見；在權威人士面前，最好不要發表反對意見；少管閒事，但求自保，是立身處世的重要原則。

　　Farh 等（1997）在其研究中選取了具有較高載荷的 5 個代表性題項來代表傳統性的 5 個方面，分別為：一是公民對待國家領導人應像對待一家之主，服從其對國家所有問題的決定；二是要遵從長輩的話或指示以避免犯錯；三是對於女性，婚前應該服從父親，而婚後應該服從丈夫；四是當發生爭論時，應該請有資歷的前輩來判斷；五是孩子應該尊重父母以及父母尊重的人。問卷採用 5 點計分，從「非常不同意」到「非常同意」。在本研究中，量表的 *Cronbach's α* 係數為 0.84。這反應了中國傳統社會中家庭、政治及社會關係中普遍對權威的遵從。

2.4.4　傳統性的調節效應

　　中國人的傳統性是中國傳統文化對人的要求下個人所具有的認知態度與行為模式，在一定程度上代表員工對依據中國的儒家五倫思想中的等級角色關係的認可程度，傳統性約束著當代中國人行為，影響其價值觀的形成。它向中國人傳遞著這樣的理念：父子、夫妻、長幼之間有尊卑之分，上下級之間有不對等的義務關係，個人利益應服從集體利益。這與市場經濟體制下的人際互動模式有顯著的差異，這種傳統的價值理念已對組織管理產生了深遠的影響。Farh 等較早地將傳統性應用於組織管理研究領域（Farh, Earle, Lin, 1997）。員工的傳統性可以體現為對領導命令的完全接受以及對組織的強烈歸屬感（Farh, Earle, Lin, 1997；Hui, Lee, Rousseau, 2004）。Farh 等（2004）在對傳統性的分析中得出，遵從權威是最能代表傳統性特徵的關鍵維度，體現為地位高的一方對地位低的一方擁有更多的

特權，而地位低的一方則需遵守嚴厲的規定。實證研究中學者往往將傳統性視作組織情景變量和員工表現結果之間重要的調節變量。主要體現在雇傭關係、領導–下屬關係及同事關係的作用的調節改變。

首先，對於員工與組織之間的關係，劉軍、劉小禹和任兵（2007）的研究中提到，高傳統性的員工更容易感知履約不足而離職，其原因可能在於高傳統性員工遵從傳統性的社會角色義務（Social Role Obligation）（Farh et al.，2004）。包玲玲和王韜（2011）在對264對上下級的問卷調查中發現，傳統性對互相投入和過度投入的雇傭關係模式與基於組織的自尊的正向關係有調節作用。而對於組織內形成的氛圍，Farh等（1997）在對中國臺灣65名主管和227名下屬的調查研究中指出，傳統性在組織公正感對組織公民行為（OCB）的影響中起調節作用。結論顯示，個體的傳統性越低，組織公平對組織公民行為的影響越為顯著，高傳統性的個體，正向關係將減弱，這證實了高傳統性的個體更重視自身的角色定位。Farh、Hackett和Liang（2007）的研究也證實了傳統性對組織支持感與情感承諾、組織公民行為及工作績效之間關係的調節作用。賀偉和龍立榮（2011）通過對14家企業49個部門共331名員工的客觀薪酬數據和主觀薪酬滿意度的調研，證實了傳統性在實際收入水平、收入內部比較與員工薪酬滿意度之間的調節作用。這也證實了與低傳統性的個體相比，高傳統性的員工將更為秉持組織利益高於個人利益的理念而會更加遵從組織或上級制定的各種政策。

其次，傳統性體現在同事關係中常常表現為盡力避免人際衝突的角色義務，中國人在團隊內進行獎酬分配的時候，高傳統性的員工會更傾向於平均分配（Pillutla, Farh, Lee, 2007）。周浩和龍立榮（2012）的研究提出，高傳統性的員工即使組織心理所有權高也較少向同事建言，但在分配時會更傾向平均分配。

再次，由於傳統性體現為「上尊下卑」的角色關係和義務，因此，傳統性對領導及領導–下屬關係的調節作用更為明顯。組織情景中，上級可以對下級實施影響且不受角色規範的約束，而下級應該無條件信任和服從（劉軍、富萍萍、張海娜，2008）。也就是說，員工的傳統性越強，越會恪守自己「卑」者的角色，遵從處於「上」位的領導者，不會輕易有犯上越矩的舉動（吳隆增、劉軍、劉剛，2009）。如Hui、Lee和Rousseau（2004）利用中國605個主管–下屬配對考察了傳統性對領導–下屬交換與組織公民行為關係的影響。研究結果顯示，低傳統性的員工，與上級的關係越好，

表現出的組織公民行為越多，而高傳統性的個體功利心較低，則更重視對上級的服從與尊重。Cheng 等（2004）通過中國臺灣 543 份員工調查問卷數據證實了傳統性對家長式領導與下屬行為反應關係的調節作用。研究顯示，威權領導與下屬敬畏順從的關係會根據下屬的傳統性而發生變化，凸顯了傳統性價值觀念中遵從權威的特性。周浩和龍立榮（2012）以 373 對上級-下屬配對數據為樣本，驗證了傳統性對組織心理所有權與建言同事關係的調節效應。研究顯示，高傳統性的個體強調秩序與服從，強調遵從權威，因此高傳統性的個體即使組織心理所有權高也較少進諫上司。從傳統性的分析可以看出，傳統性本身代表了中國人傳統的社會角色定位，且並非總是消極或積極的，對於符合中國文化和社會角色規範的行為來說，這些行為表現得穩定，而不符合社會角色規範的行為將被抑制。

2.4.5 小結

中國經歷改革開放及快速的經濟發展後，已走上現代化的道路，但現代社會中的個體的思維方式、價值理念或多或少保持著傳統社會的影子。在中國文化的浸潤下，個體的行為雖然要滿足其內心體驗，但在外在的眾多不成文的規範的約束下，個體會努力約束自己的行為以符合社會的要求。因此，雖然在過去 30 年急遽的經濟發展過程中，社會的價值觀經歷了強烈的衝擊和震盪，但尊卑上下、忠孝順從的傳統文化仍然約束著當代中國人的行為。對傳統性的分析可以得出以下結論：一是楊國樞提出的傳統性能夠較好地體現中國人的性格和價值取向，能夠區分中西方文化背景下人格內涵的差異，中國人的言行需要更多地符合社會的要求。西方人將自己看作是獨立的自我，而東方人則把自己看作是依賴他人的存在。基於中國企業管理中的實踐問題進行分析，引入中國文化情景因素意義重大，在實踐上解決了西方管理理論在中國的「水土不服」。二是對傳統性在組織研究中的拓展，以往的研究較多地關注於中國文化背景中的集體主義、中庸思維、權力距離等，但傳統性對組織內員工行為的影響的研究仍需要進一步進行闡釋分析。

2.5 同事支持感文獻綜述

2.5.1 同事支持感的提出

同事支持感（Perceived Co-worker Support）的研究源於社會支持和組織支持的研究。20世紀70年代，社會支持（Social Support）作為一個專業術語被正式提出來，並在社會學、醫學等相關領域出現了大量的研究。社會支持是個體社會關係的量化表現，它代表了個體在社會關係中在物質及精神方面得到的幫助及支持。Thoits（1982）將社會支持界定為個體從家庭、親屬、同事、朋友及鄰里那裡獲取的幫助和支持，這些支持可以是物質幫助、情感幫助或信息幫助。當然，一些學者認為社會支持應該是社會關係交換中的資源交換，而不是簡單的單項關懷或援助（丘海雄等，1998；賀寨平，2001）。在社會支持的類別中，同事支持感是重要的一類，工作情景中良好的同事支持可以緩解工作壓力，對身心健康起到積極作用。

2.5.2 同事支持感的內涵

同事支持感是社會支持的重要形式，雖然對同事支持感的研究較多，但仍缺乏對同事支持感的準確界定。目前，對於同事支持感的內涵較具有代表性的觀點有：Etzion（1984）認為同事支持感包含著工具支持及情感支持兩類支持。工具支持是同事或同伴為某項工作提供相關知識、技能或建議，能夠幫助其克服工作中的障礙；而情感支持則是同事給予的關心或鼓勵，以幫助其緩解工作中的壓力。Setton和Mossholder（2002）認為同事支持即是在工作場所中同事之間相互提供的關懷和照顧。Farh等（2004）也認為在組織內的人際支持中情感支持不可或缺，因為中國是具有高權力距離和高集體主義傾向的國家，深受儒家思想影響，同事也被認為是朋友、鄰居和社區成員。組織裡的幫助行為還包括純粹個人層面的內容，如幫助同事解決家庭矛盾或照顧生病的同事。Ales等（2007）認為同事支持在組織中非常必要，同事支持提供的相關援助能夠幫助個體有效地履行職責、改善工作績效，也能夠幫助個體從工作壓力中盡快恢復。

綜上，本研究將同事支持感定義為：個體感知到的同一組織中同等地

位的同事間相互提供的工具支持、情感支持及信息支持援助。同事間的相互支持有利於改善員工之間的關係並化解人際矛盾。

2.5.3　同事支持感概念的辨析

（1）同事支持感與組織支持感

Eisenberger 等（1986）首次提出「組織支持感」（Perceived Organizational Support）來描述員工感受到來自於組織方面的支持，當員工感受到來自組織的支持（關心、認同）時，會受到鼓舞和激勵。顯而易見的是，組織支持感與同事支持感是兩個不同的構念。廣義的組織支持感包含來自上級的支持和同事的支持（寶貢敏、劉梟，2011），這是因為個體在工作情景中，同事之間對組織目標的完成需要團隊間的依賴和協作，主管能夠對下屬的行為和業績進行評價和監督。組織支持感在廣義的界定下包含同事支持感，而同事支持感僅僅限定於同等地位的同事間的人際支持。

（2）同事支持感與工作友情

在工作場所中，工作屬性決定了正式組織中的員工彼此間也有很多機會交流，這將形成有意義的工作友情（Chartier, 2003）。Berman 等（2002）則從更具一般性的員工角度，提出工作包括同事之間的相互信賴、承諾以及工作方面能夠分享的價值和樂趣。Sais 等（2003）認為工作友情應該是同事關係的一種，工作友情能夠提供內在報酬、情感支持，增加信息傳播和接受的機會。同事支持感與工作友情有相似的地方，兩者都是來自於同事給予的支持，而從內涵來看，工作友情更傾向於工作中人與人之間的情感支持。

2.5.4　同事支持感的作用機理

（1）同事支持感的前因

影響同事支持感的前因變量主要包括個體因素和情景因素，個體因素中如性別、年齡、特質及工作年限等對同事支持有重要影響。在性別的對比中，Carolyn 等（2002）研究發現女性比男性更可能給予和接受情感支持，而男性比女性更可能交換工具支持。女性可能比男性得到更高水平的支持，因此也更可能尋求和提供支持。這種差異的原因主要來自於女性和男性的依戀風格存在差異。而在人格特質方面，顯而易見的是，大五人格中的外向型人格將更多地尋求同事的支援，當然其獲得同事援助的可能性也越高。Norlanaer（2000）的研究顯示，良好的人格特徵將更多地感知到同事的支持。

情景因素中，企業的氛圍對同事支持感也會產生影響。在強調合作的企業氛圍中，同事之間更可能相互提供或尋求支持以取得共同發展；在強調競爭的企業氛圍中，同事間的競爭較多而能提供的支持較少；而在集體主義文化氛圍中，個體將感受到較個體主義文化更多的同事支持（Sharon，2010）。

（2）同事支持感的結果

同事的支持有利於個體緩解工作中的壓力及心理疲勞，提高職業滿意度（La Rocoo，1980；Beehr，2000；湯磊雯、葉志弘，2007）。Kohli 和 Jaworski（1994）的研究證實了積極的同事反饋可以提高個體的工作滿意度，從而提升工作績效。Turner 等（2010）對英國 344 名軌道員工的研究顯示，個體對於同事安全事項的支持感知可以減少個體在危險作業時候的安全事故。Greenglass（2000）的研究顯示，同事支持是緩解情緒耗竭的最有效的因素。此外，同事支持感還可以緩解個體面臨的工作-家庭衝突。張莉等（2012）通過構建支持資源促進模型驗證了支持資源作用下的工作、家庭促進對員工組織情感承諾、工作滿意度和離職意向有顯著影響。同事支持可以緩解個體的壓力和衝突，這可能是因為他們掌握與工作場所相關的壓力源的第一手資料並可以花費時間同情、理解和傾聽員工的問題，同事間的情感支持會降低壓力和沮喪感，增加工作績效。Ferres 等（2004）提到，同事間的相互信任將有利於建言行為的產生及組織承諾的提升。

（3）同事支持感的調節效應

同事支持感在很多研究中被當作干預調節機制，將同事支持感納入調節效應的研究比較多。這是因為同事支持感很大程度上代表了個體在工作場所中獲取的社會支持，具有良好社會支持的個體會有比較高的主觀幸福感、生活滿意度、積極情感和較低的消極情感。La Rocco 等（1978）在《應用心理學雜誌》上發表文章提到，同事支持感能夠調節工作情景與工作壓力之間的關係。Sargen 等（2000）的研究也顯示，同事支持感有利於緩解職業緊張對工作績效的負向作用。Montani 等（2012）通過對 186 名醫療企業員工的研究發現，以變革情感為仲介的主管支持感對創新工作行為的影響中，同事支持感能夠調節主管支持感對變革情感承諾的影響。楊英和李偉（2013）的研究證實了同事支持感能夠正向調節員工獲取心理授權與主動創新行為之間的關係。

2.5.5 小結

同事支持作為社會支持的重要組成部分，其本身對工作場所中的組織

行為有重要的影響。基於以上分析我們可以得出：第一，深化同事支持感作用機制。現有的研究重點關注於同事支持感對職業緊張、工作壓力及倦怠的緩解及調節作用，未來應關注同事支持感對心理契約、組織承諾、工作敬業度及心理資本的積極影響以及同事支持感對組織公民行為、創新行為、建言行為等積極組織行為的調節作用。第二，拓展同事支持感的研究領域。國內現有的研究主要應用於護理和醫學等行業中，這可能是因為同事支持感在緩解該行業的高風險性及高工作壓力方面顯得尤為重要，未來的研究將非常有必要對同事支持感的研究範圍進行拓展。

2.6　相關理論

2.6.1　資源理論

Wernerfelt（1984）提出的資源基礎理論（Resource Based Theory）將企業認作一系列資源束組成的集合，各種資源都有多種不同的用途，企業的競爭優勢源自企業所擁有的資源。這些資源稀少並難以被模仿，沒有直接的替代品，並能使企業尋求機會或避免威脅。早期的資源基礎理論還區分出三種組織資源，包含了實體資本（Physical Capital）、人力資本（Human Capital）以及組織資本（Organizational Capital）。Barney（1986，1991）等學者認為企業是「資源的獨特集合體」。資源基礎理論闡釋了人力資源在企業競爭中的核心作用，揭開了人力資源管理和企業績效之間的「黑箱」。但早期的資源基礎理論往往從宏觀的視角解釋人力資源對企業績效的整體影響，缺乏對人力資源對企業績效的微觀機制的探討，特別是組織內各種資源的特徵、關係及對員工行為的深層次影響有待理論的進一步深化。

（1）自我控製資源理論

隨著外部環境的快速變化以及不確定性因素的增加，組織要想在激烈的競爭中取勝，僅僅依靠管理層對員工進行直接指揮已經遠遠不夠，在這種複雜的工作環境及工作壓力下，需要個體在掌控外部環境的同時積極進行自我調控與自我控製，如為了實現既定目標需要進行計劃與控制以使有限的精力、時間與資源得到合理配置。Bindl 和 Parker（2010）認為主動行為便是個體的一種目標導向的自我調節過程，這種目標導向的行為具有自

願或自發性質。然而工作情景中員工往往消極、被動，缺乏主動實施的內在動力，從資源視角來看，其原因在於自發的主動行為往往需要珍貴的心理資源作為支撐，心理能量或心理資源的減少將降低個體自我控製行為的能力。Baumeister 等（1998）在回顧大量研究報告的基礎上提出自我控製資源理論，該理論主要包括以下幾個重要觀點：

首先，該理論認為主動發起或抑制特定行為、延遲滿足、主動制訂或完成行為計劃及適應社會情景的行為都屬於自我控製行為，自我控製是個體的一種自主性的自我調節行為。

其次，這種自我的活動需要能量或資源的參與，如做出負責任的選擇或慎重的決定、發起或抑制某些行為、制訂並執行計劃等都需要這種能量。也就是說，自我控製活動能否取得成功依賴於自我控製資源，顯而易見的是，資源越豐富，自我調節將越為成功。Baumeister 等（1998）認為個體的這種自我控製的能量或資源是有限的。也就是說，個體在執行自我控製的過程中消耗的這種能量或資源將導致個體在隨後其他的自我控製中的表現和行為績效下降，這種情形被稱為自我損耗。

最後，對於如何充實自我控製資源，從目前的研究來看，充實自我控製資源方式裡面除了睡眠和放鬆兩種傳統方式以外，與消極情緒和中性情緒個體相比，積極情緒個體較少受到自我損耗的影響。積極情緒及自我意識可以幫助個體恢復自我控製資源。Tice 等（2007）通過一項心理學實驗表明，當被試者觀看一段喜劇視頻後，其自我控製資源損耗的現象得到有效的改善。此外，個體對事物的內在興趣、內在動機及自主性也有助於個體恢復其自我控製資源（Harackiewicz & Hulleman, 2010; Silvia, 2008）。Moller（2006）發現在雙任務實驗中，當自我損耗的被試者可以自主選擇隨後的任務時表現較好，若被指定選擇固定的任務則表現較差。Muraven（2000）也發現，個體是被迫執行自我控製時，會體驗到更強烈的自我損耗；而個體自主自願做出自我控製時，則自我損耗會減輕。吳燕（2011）的研究也證明了自主需要的滿足可以有效緩解自我控製資源損耗。高水平的自我意識同樣能夠促進個體對抗資源流失導致的自我損耗（Alberts et al., 2011）。

自我控製理論旨在探究個體的自我控製資源是如何影響個體行為的，特別是自我控製資源的匱乏或消耗帶來的自我損耗（Muraven, 1998）。Schmeichel 等（2003）研究證實了自我損耗會引起個體隨後的客體認知任務完成質量出現明顯的下降，而在接下來的即使毫不相關的自我控製任務中也表現得很差。自我損耗還將導致個體產生與自身相關的積極信息的能

力受到破壞或抑制。自我損耗也會削弱個體在應對挑戰、克服困難時的表現。而從自我控制資源理論的另一個角度來看，成功進行自我調節需要個體具有充足的資源作為準備，如審慎的選擇（Responsible Choice）和主動性行為（Initiative Act or Active Responses）都需要運用有限的心理能量和心理資源。已有的研究顯示，人們在工作、生活中主動改變目標或習慣、壓抑不合理的念頭甚至自私的衝動的行為都將運用有限的自我資源而產生自我損耗（Janssen, Fennis, Pruyn, 2010; Muraven, 1998; Vohs, Baumeister, Ciarocco, 2005）。自我控制理論代表著資源消耗觀，主動實施的行為往往具備變革性和前瞻性，個體資源實際水平將顯著影響個體時會提前實施這種變革行為，資源對主動行為的影響在研究中已經得到體現，如 Sonnentag（2003）的研究揭示了非工作日的能量恢復對主動行為實施存在著積極影響。Bolino 等（2010）也基於資源觀點認為主動行為的潛在危害在於主動行為的資源依賴性將可能導致工作壓力的增加及人際關係的緊張。

（2）資源保存理論

Hobfoll（1989, 2002）在對員工壓力與應對方式的研究中提出了資源保存理論（Conservation of Resources Theory，簡稱 COR）。首先，資源保存理論將資源界定為個體（員工）心中具有的中心價值（健康、積極心態、自尊、依戀、內心安定等）或能夠幫助獲取中心價值的方式（信用、職位、金錢及社會支持等）。顯然，這種定義顯得過於寬泛，一些有價值的實體對於他人來說可能並非具有顯著價值（工作資源可以促進敬業但也會帶來家庭和工作的衝突）。因此，Halbesleben 等（2014）對 Hobfoll 提出的資源概念進行了改進。他們認為，任何可以幫助個體達成其目標的方式都可以被認定為資源。

Hobfoll 提到的這些資源既包括工作資源也包括個體資源。Demerouti（2001）等認為工作資源包括來自同事的社會支持、績效反饋、技能多樣性、工作控制和主管指導。這些資源有潛在的動機性質，因為這些資源使員工的工作更有意義。個人資源是與自我和彈性相關聯的資源，指個體成功控制環境能力的感覺（Hobfoll, Johnson, Ennis, 2003），其中重要的心理資源包括心理資本、積極情緒、自尊等。Hobfoll 特別強調心理資源的積極作用，他認為不管哪種心理資源都可以幫助人們獲取成功。其次，資源對個體的作用體現在以下三個方面：一是人們具有努力獲取和維持其自身資源的本能，這些資源可以激勵人們有效地處理和應對工作環境中的問題（Hobfoll, 1989）。二是資源的喪失或資源不能取得預期的回報以及資源不能滿足需求時，便會產生壓力和不安全感（Lee & Ashforth, 1996）。三是

為了化解資源流失的壓力，人們往往需要對資源進行投資以獲取新的資源或者防止資源流失（Halbesleben, Harvey, Bolino, 2009）。例如，為了減輕壓力，員工努力控制環境，不得不通過各種渠道獲取某些資源來彌補其他資源的損失。資源保存理論從理論上探討了資源對個體的重要作用。與自我控制資源不同的是，資源保存理論中的資源涵蓋的範圍更廣，該理論更強調資源的維持與擴展。Baumeister（2002）也認為資源損耗還會刺激個體自動產生保存剩餘自我控制資源的意識，個體為防止資源的損耗也會存儲一些必要的自我控制資源，以備不時之需。

2.6.2 認知-情感個性系統理論

Mischel 等（1995）的認知-情感個性系統理論（簡稱 CAPS 理論）為主動行為提供了又一理論依據。Mischel 等對延遲滿足的長期研究對該領域產生了深遠的影響，他在對傳統特質論批判的基礎上，於 20 世紀 90 年代提出了認知-情感個性系統理論（CAPS），提倡個體-情景交互作用的觀點，調和了特質論和社會認知論長期的矛盾。該理論的主要觀點如下：

首先，CAPS 理論中的認知原型分類觀點提出人們行為的差異主要來自於個體不同的認知原型。也就是說，人們在面臨外界情景及事件時由於不同的認知原型及認知層次結構而導致了差異化的行為。

其次，Mischel 等（1995）認為個體的行為取決於個性系統中複雜的認知-情感單元（Cognitive-Affective Unit System CAUs）與外部情景的交互作用。認知-情感單元包括個體對外界事物的編碼、預期，個體的信念、能力、情感以及自我調節計劃等重要心理表徵。需要注意的是 CAPS 理論的兩個重要假設：一是個體在每一種認知-情感單元上存在差異；二是個體在認知-情感單元之間關係的結構上存在穩定的差異。正是這種穩定的組織關係構成個性系統的穩定結構，這種穩定的個性結構是個體經驗、社會學習及遺傳相互作用的產物。

最後，CAPS 個性系統的動力特徵具體體現為：當個體面對外界特定的事件或情景時，個性系統中一些認知-情感單元將被激活，進而激活自我調節計劃、策略並產生潛在的行為，而另一些情感單元也會被抑制（見圖2-4）。當然，個性系統產生的行為也會影響外界情景，也就是說，個性系統將不斷地與外部世界發生動力的交互作用。

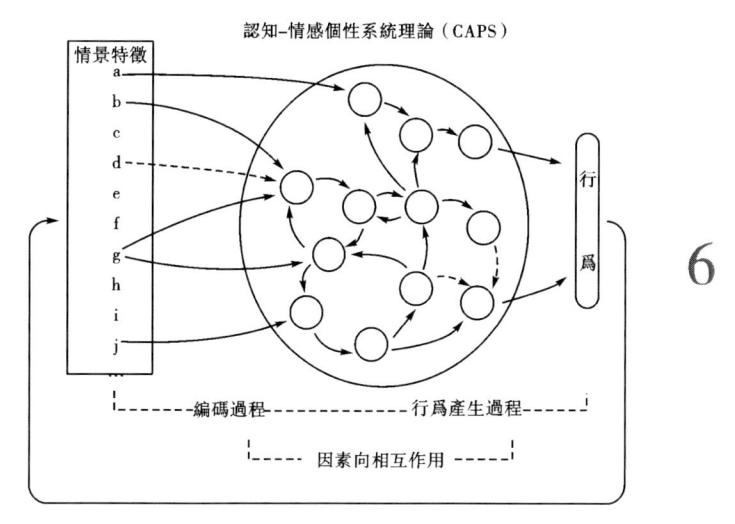

图 2-4　CAPS 系統動力結構

　　CAPS 理論調和了特質論與情景論之間的爭論，擺脫了傳統意義上的關於人與情景二分法的對立局面，個體跨情景所表現的行為變異正是其內部穩定、有機的個性結構系統的反應。此外，CAPS 理論還借鑑認知神經科學的網路組織和激活擴散理論以及社會學習理論，提出個性系統中的認知-情感單元是在經驗的作用下以獨特的方式聯結而成的具備穩定性的動力結構，並在外部情景與行為之間構成雙向動力關係。

2.6.3　自我決定理論

　　自我決定理論是 Deci 和 Ryan 在 20 世紀 80 年代提出的關於行為的動機理論。自我決定論認為在某個特定的情景中決定個體行為的是個體動機的質，而不是動機的量。它關注的焦點是人類的行為在多大程度上是自願的和自我決定的。個體的動機可以根據自我整合的不同區分為無動機、外部動機及內部動機。其中，無動機狀態指的是不存在任何程度的整合；外部動機是外在環境驅動的行為，如金錢、權力、職位等因素，這些互動的結果也是與內在自我分離的；而內部動機則完全來自於個體內在的興趣、價值觀的驅使，行為是自主的。當然，外部動機中的認同調節與整合調節具有較多的自我決定而被稱為自主性動機。

　　首先，根據自我決定理論，自主性動機支持個體出於意願和自由選擇並實施行為。Parker 和 Bindl（2010）認為自主性動機為個體實施主動行為提供了行動的理由（Reason to do）。當然，自主性動機的自主程度是不一

樣的，自主程度越高，其對主動行為的預測效果越好，如源於興趣、愛好等內在動機的主動性是最高的。但在現實工作情景中，完全出於興趣或愛好等內在動機的主動行為並不常見。對此，自我決定理論認為對外部目標的認同、吸收及整合可以內化為自主性動機，如以認同調節為特徵的彈性角色定位（Flexible Role Orientation）及建設性變革責任感感知（Felt Responsibility for Constructive Change）對主動工作行為都具有積極影響，而以整合調節為特徵的職業呼喚（Calling）也會使個體在工作中主動致力於工作重塑（Job Crafting）。

其次，自我決定理論還對動機的內化過程進行了闡釋：外界環境對個體的3項基本心理需要（自主需要、勝任需要、關係需要）的滿足可以促使動機內化為行動的理由，即當環境能夠讓個體體驗到自主性或自我決定時，個體會感到自己能夠主宰自己的行為，其參加活動的內部動機就高。如工作自主性可以使員工在角色、任務、工作等方面自主進行選擇並提升個體自我效能感，進而促進工作主動性；而變革型領導引導下屬超出工作標準，提升下屬的自我效能感和組織承諾從而提高下屬的主動性。在主動行為的動機內化過程中，與自我效能感相聯繫的勝任需要也非常重要，這是因為即使個體具備了行動理由，但若感到無法勝任，主動行為也無法實施。研究證實，個體行動前的認知驅動（自我效能、控制感評估）與自主性動機對主動行為形成交互影響。

最後，自我決定理論中的因果定向理論闡述了先天性個體的差異（自我概念、價值觀）如何影響個體對環境的選擇和適應。其中，高自主定向的個體敢於創新，善於尋求挑戰，自主性動機較強；高控制定向的個體更重視財富、榮譽等一些外在回報，而那些非個人定向的個體則往往墨守成規，隨波逐流，自主性差。

2.7 本章小結

本章重點對本研究中的文獻及相關理論進行了系統的整理和回顧，從對誠信領導、主動行為、心理資本、同事支持感及傳統性的文獻回顧及梳理來看，可以得出以下結論：第一，誠信領導及員工主動行為在知識經濟時代夠幫助組織獲取競爭優勢，二者也是組織行為領域研究的前沿。誠信領導對追隨者的態度及行為的影響有待進一步開拓，而本研究正是基於誠

信領導自律、真實、積極等核心因素來構建其與下屬主動行為之間的邏輯關係，並有效地拓展誠信領導與主動行為的研究邊界。第二，一直以來，學者對主動行為的產生機理的研究主要基於認知和情緒機制，本書則選取心理資本作為誠信領導與主動行為的仲介變量，以拓寬主動行為的研究視角。第三，組織情景及文化情景因素是否對誠信領導效能的發揮起到促進或抑製作用有待深入考量，而情景因素也是主動行為研究中的一個熱點，因此，本研究將同事支持感與傳統性作為組織情景及文化情景因素引入研究。第四，本章對本研究擬採用的資源理論、認知-情感個性系統理論及自我決定理論進行了梳理和總結，為後續構建並形成本研究的理論模型奠定基礎。

3 理論模型與研究假設

本章基於國內外相關研究文獻以及資源理論構建研究的理論框架,對核心變量的關係進行梳理,提出研究的相關假設,最後對假設進行匯總,給出待驗證的實證模型。

3.1 理論模型的推演及形成

本研究以資源理論作為整個模型的理論基礎和變量之間關係假設的理論支撐,構建本研究的理論模型。

從資源理論來看,誠信領導對下屬主動行為的影響機理過程重點表現在三個方面(見圖 3-1)。一是資源的獲取和轉化過程。個體會積極獲取工作資源並將工作資源轉化為積極應對的心理資源存儲於身體中(Hobfoll, 1989)。因此,支持性工作情景有利於提升個體的心理資源,負性的工作情景則有可能導致個體資源的喪失或減少。在組織情景中,積極的工作特徵、積極的領導風格都是支持性的情景特徵,都有利於提升個體的心理資源。本研究中誠信領導自信、樂觀、公正,更多地考慮如何服務和發展他人,這種來自主管的社會支持屬於一項重要的建設性資源,能夠提升下屬的心理資源(提升下屬的承諾、意義感及心理資本)(Halbesleben, 2010)。二是資源的投資過程。由於主動行為是個體的一種目標導向的自我調節過程,Baumeister 等(1998)提出的自我調節能量模型中提出,自發的主動行為往往需要珍貴的心理資源作為支撐,心理能量或心理資源的減少將降低個體自我控製行為的能力。資源越豐富,自我調節將越成功。從資源保存理論來看,資源是個體實施主動行為的基礎,個體會將寶貴的心理資源投資於主動設置挑戰性目標並努力實現,以獲取更加豐富的資

源。Hakanen 等（2008）的研究也證實了工作資源有助於個體主動性的提升，兩者之間呈正向的螺旋效應。因此，從邏輯上來看，個體會積極將誠信領導獲取的建設性資源轉化為珍貴的心理資源（心理資本），並將心理資源投資於工作中的主動行為以獲取更豐富的資源，也即下屬心理資本在誠信領導與下屬主動行為關係中起仲介橋樑作用。三是個體對資源投資的價值判斷過程。值得注意的是，個體是否將資源進行有效的投資以獲取更豐富的資源依賴於資源信號。Halbesleben 和 Wheeler（2015）認為資源信號是個體進行資源投資的價值判斷。他們認為個體獲取的來自組織內的信任便可以作為個體在進行價值投資時的信號，因為信任能夠讓個體更容易達成目標從而獲取成功，以提升整體資源水平。Campbell 等（2013）的研究中也提出個體對於公平感的感知也能作為資源信號提升個體的資源投資意願。因此，組織支持感、同事支持感、公平感、信任等都可以看作是個體對資源投資的價值判斷。本研究中，同事支持感與個體的傳統性都作為個體投資的價值判斷影響個體對資源的轉化與投資，即同事支持感與個體傳統性能夠調節誠信領導對下屬主動行為影響的仲介機制。

　　基於資源理論中資源獲取及投資的三個關鍵過程，本研究構建了以誠信領導為前因變量，以主動行為為結果變量，以心理資本為仲介變量，以同事支持感及傳統性為調節變量的理論模型。具體研究框架如圖 3-1 所示。

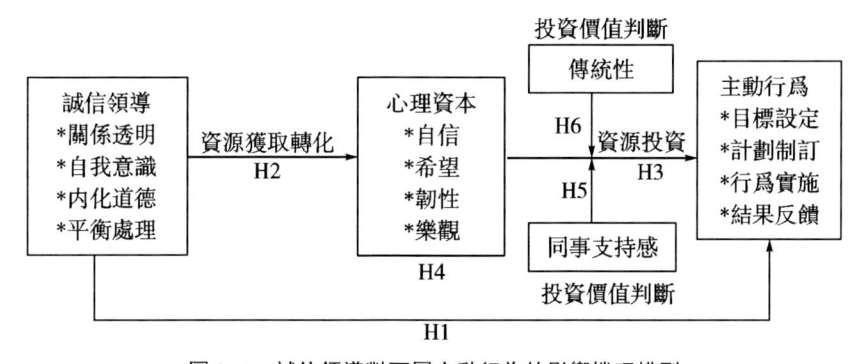

圖 3-1　誠信領導對下屬主動行為的影響機理模型

自變量：誠信領導
因變量：主動行為
仲介變量：心理資本
調節變量：同事支持感、傳統性
控制變量：工作年限、受教育程度、年齡、組織性質、收入水平

本模型主要研究以下三個關係：①誠信領導與下屬主動行為之間的關係；②心理資本對誠信領導與下屬主動行為關係的仲介影響機制；③同事支持感與傳統性對心理資本和主動行為關係的調節作用。

3.2 研究假設

3.2.1 誠信領導對下屬主動行為的影響的主效應

領導對下屬的行為具有直接且深遠的影響。Harold Koontz（1980）認為，領導的作用在於誘導下屬以最大的努力為實現組織的目標而做出貢獻。從主動行為的特點來看，主動行為（如個體創新、建言行為等）具有不確定性、風險性及前瞻性，這要求領導不應該是傳統的、保守的甚至是家長式的（Shin & Zhou，2003），而應該是開放的、透明的、積極的和前瞻的，這樣才能消除個體在實施主動行為時的心理威脅。誠信領導被認為是所有積極領導方式的根源，誠信領導開拓下屬的思維並積極開發下屬的優勢，其與下屬主動行為必存在著一定的內在聯繫。

依據自我決定理論，主動行為的實施來自於行為的自發性，而自主支持型組織情景更有利於個體實施主動行為，自主支持的組織情景促使個體將外部目標整合內化為個人目標進行自我調節。現有研究已經證實，領導的支持行為及授權行為能有效激發下屬在工作中實施主動行為（Frese，Teng，Stam，2010；Janssen，2005）。如變革型領導和授權型領導都可以賦予下屬工作中的自主性，擴展下屬的工作角色並提升其組織承諾和自我效能，進而提高下屬的主動性（Janssen，Vera，Crossan，2009；Rank，Nelson，Allen，2009）。而誠信領導是變革型領導、授權型領導等所有積極領導方式的根源。誠信領導的積極心理能力及倫理道德也必將顯著影響下屬的工作行為。誠信領導的利他性行為特質使得誠信領導更容易通過榜樣作用感染和影響下屬。一方面，誠信領導能夠滿足下屬的3項基本心理需要進而促進其進行自我決定，而自我決定是個體實施主動行為的基礎。Leroy等（2012）的研究發現，誠信領導可以通過滿足下屬的基本心理需要進而提升其角色績效。而從另一方面來看，Bindl和Parker（2009）將主動行為定義為一種目標導向過程，是將外部變革性目標整合為內部調節的過程。依據自我決定理論，個體對外界的認同是整合自主性動機進而激發

自主性行為的關鍵。誠信領導的真實、可靠能夠取得下屬的信任與認同。Avolio 等（2004）提出，誠信領導通過提升下屬的自我認同和社會認同，幫助個體將外部目標內化為個人目標進行自我調節，進而產生積極的行為結果，這個理論模型已經在實證研究中得到了證實（Walumbwa, 2010；張蕾等, 2012）。Wong 等人（2010）研究證實了誠信領導可以提升下屬對其的個人認同進而提升下屬對其的信任，從而提高下屬在工作中的敬業度。誠信領導對特定類型的主動行為的積極影響已經在現有研究中得到了部分驗證。例如：Rego（2012）等研究發現，誠信領導對下屬的創造力有積極的影響；Hsiung（2012）在對臺灣房地產公司 70 個工作團隊的研究中發現，誠信領導可以促進下屬積極建言；Walumbwa 等（2011）通過對美國大型金融機構的 526 名員工和他們的主管進行研究發現，誠信領導可以顯著提升下屬的組織公民行為。

從更深層面來看，首先，誠信領導的維度包括誠信領導表裡如一、與下屬間關係透明，具體體現為他鼓勵大家暢所欲言、不弄虛作假、對外界能夠呈現真實自我。這將鼓勵下屬主動設置工作目標並積極實施，並不因為害怕失敗而不去嘗試，也不必擔心個體的積極主動是否會被同事嘲笑。關係透明的領導准許下屬理解和權衡主動行為的後果，讓員工明確知道什麼是被鼓勵的。從交換關係視角來看，Janssen 和 Van Yperen（2004）的研究顯示，誠信領導能夠促進下屬主動實施創新行為。Burris 等（2008）的研究也表明誠信領導可以促進下屬主動建言。

其次，誠信領導強烈的自我意識包括明確自身的優缺點和情緒，影響領導的決策及效用（Crossan, 2008；Taylor, 2010）。基於社會學習視角，誠信領導支持下屬的自我調節及前瞻性行為，如自我意識很強的領導會鼓勵員工自我表達，支持員工自主性、前瞻性地思考問題（Mumford, 2002）。當下屬也能夠具備清晰的自我概念時，其行為將更容易受到自我概念（價值觀及認同感）的驅使，更好地完成自我調節行為。穩定的自我概念形成的自我同一性也有利於個體實施主動社會化行為、職業主動匹配行為等主動行為。如 Strauss 等（2012）的研究證實了未來工作中的自我概念將顯著影響個體的職業生涯主動行為。而當個體對職業自我概念具備強烈的認同而形成「召喚」時，其敬業程度也是最高的（Wrzesniewski, 1997）。

再次，具備內化道德的領導者在根據道德標準和內化的價值觀而非群體、組織和社會壓力進行決策時，做事能夠「正確而公正」。Gardner 和 Avolio 等（2005）基於社會認同視角認為，誠信領導能夠促進下屬樂於付

出額外的努力並能減少追隨者的撤出行為。誠信領導的積極榜樣作用可以引起觀察者關注並使其產生學習的動機，由此產生積極的態度和行為。研究已經證實，具備高道德標準的倫理型領導能夠顯著影響下屬的主動建言行為（Walumbwa & Schaubroeck, 2009）。

最後，誠信領導的平衡處理將毫無偏見地對外部信息進行加工解釋，而不會對個人和外部信息進行扭曲、誇大和過濾（Kernis, 2003）。真實的外部信息反饋對於下屬的自我調節有積極影響。從行為主義理論來看，真實的外部信息反饋能夠促進員工的流體驗及內在激勵的產生，並最終激發個體的主動性（Csikszentmihalyi, 1996）。

基於以往的研究來看，誠信領導中的關係透明、內化道德、平衡處理以及自我意識都會激發下屬實施主動行為。由此提出假設：

H1：誠信領導對主動行為有顯著正向影響
H1a：關係透明對主動行為有顯著正向影響
H1b：自我意識對主動行為有顯著正向影響
H1c：內化道德對主動行為有顯著正向影響
H1d：平衡處理對主動行為有顯著正向影響

3.2.2 心理資本在誠信領導與下屬主動行為間的仲介效應

（1）誠信領導對下屬心理資本的影響

誠信領導可以開發下屬的心理資本。從資源理論來看，心理資本是個體在實施自我調節中的一項重要心理資源，而誠信領導能夠賦予個體在實施自我調節過程中所需的心理資源。資源保存理論認為，個體總是努力獲取和維持有價值的資源。這些有價值的資源包括：工作控制權、工作自主性、自我效能、自尊等心理資源。這些資源可以幫助個體有效地處理和應對工作環境中的問題。個體會將工作中的資源轉化為可以抵禦消極結果或產生正面結果的個體資源進行存儲。研究證實，工作資源可以顯著提升個體資源（黃杰等，2010）。從這個角度來看，誠信領導作為可以為下屬提供自尊、自我決定、安全感的工作資源，對下屬的心理資本提升也具有顯著效果。Avolio 等（2004）和 Rego 等（2012）的研究已經證實，誠信領導與下屬的心理資本具有密切的關係。從 CAPS 理論來看，心理資本是包含著認知與情感的重要心理表徵，其穩定的狀態性和內部結構將作為個體實施行為的重要認知-情感單元。誠信領導與下屬構建的真實關係更容易激活下屬的認知-情感系統。從 Avolio 等（2004）的誠信領導模型來看，下屬在對誠信領導風格的外部情景的建構和編碼中，誠信領導往往會取得

下屬的高度認同，這種以社會認同和個人認同為特徵的編碼策略進而影響後續下屬的信心、希望、樂觀、積極情感等心理表徵，最終這種被激活的認知-情感單元將激發下屬的自我調節。誠信領導使下屬處於一種真實關係的人際情景之中，這種人際情景更容易激活其 CAPS 網路進而促進下屬的積極行為（孔芳、趙西萍，2010）。

從誠信領導與下屬心理資本的內部聯繫來看，首先，誠信領導強烈的自我意識、積極的心理資本、其言行中展現的自信與信心為下屬提供了認知和情感的援助，增加了下屬的自信（Jensen & Luthans, 2006；Walumbwa et al., 2008）。而高水平的自我意識將提升下屬的資源水平而對抗自我衰竭（Alberts, 2011）。Gardner（2005）認為誠信領導的積極心理能力及言談中體現的自信與希望能夠為下屬提供認知、情感及道德援助，支持下屬表達自己的能力和觀點，促進下屬信心的提高。誠信領導清晰的自我概念以及對未來道路的遠見能夠為追隨者提供方向感，同時賦予追隨者以希望與樂觀預期。當然，誠信領導還會激發下屬強烈的自我意識及清晰的自我概念，促進下屬在面臨壓力時主動適應與自我調整恢復，誠信領導的自我意識可以提升下屬面臨困境時的韌性。

其次，誠信領導與下屬建立穩定的透明關係與平衡信息處理使得誠信領導是下屬可以信賴的源泉，下屬不斷從誠信領導那裡獲取真實反饋進而發現完成目標的最佳途徑並最終達成目標，在這個過程中誠信領導為下屬帶來的自我效能與積極情緒將成為下屬心理層面重要的自我激勵和能量，成為其完成目標的強烈意志（Avolio, 2004；Gardner & Schermerhorn, 2004；Luthans, Youssef, Avolio, 2007）。當然，誠信領導與下屬建立的透明關係也促使誠信領導致力於公平、實事求是、開誠布公，Avolio 等（2004）指出這將更容易獲取下屬的認同及激發其積極情緒進而提升其樂觀精神。此外，這種可信賴的領導-成員關係的存在使得當員工陷入工作困境中時，誠信領導可以為其提供社會支持及心理安全感，從而提升員工面對逆境時的自我適應能力；Rego 等（2012）的研究也提出，誠信領導不僅為下屬提供在面對工作壓力及困境時的心理援助以提升其韌性，而且在面對積極變革時，誠信領導還可以促進下屬成長，對下屬的求助能夠給予積極的回應與支援。相反地，虐辱管理中的不公平對待往往會消耗員工的資源而產生偏差行為（Thau & Mitchell, 2010）。

最後，誠信領導高尚的道德品行所形成的內在道德觀也可以提升下屬的心理資本。在中國的傳統文化中，道德因素是考察領導與管理者的重要因素。孔子提到：「為政以德，譬如北辰，居其所而眾星共之，」高水準的

道德標準使誠信領導能夠做到「修己安人」。根據社會學習理論，誠信領導本身具有的利他性行為（體恤下屬、親社會行為、無私行為）使得他更容易通過榜樣作用感染和影響下屬。Conger 和 Kanungo（1998）指出，受到下屬信賴的領導會受到下屬的模仿，更容易促進下屬以相同的方式行事，領導成為下屬競相模仿的榜樣。Hannah 和 Walumbwa 等人（2011）的研究提出，誠信領導對下屬的吸引力在於其可信性、核心價值觀和行為都會引起下屬的積極模仿。領導通過榜樣的方式傳遞積極價值觀、情感、動機、目標和行為供下屬模仿。

從以上的相關研究來看，誠信領導與下屬的心理資本存在著一定的內在邏輯關係，如 Yammarino 等（2008）提出的誠信領導和組織行為學的研究框架中提到：誠信領導對下屬的積極作用體現在誠信領導可以顯著提升下屬的心理資本。由此提出假設：

H2：誠信領導對心理資本有顯著正向影響
H2a：自我意識對心理資本有顯著正向影響
H2b：關係透明對心理資本有顯著正向影響
H2c：平衡處理對心理資本有顯著正向影響
H2d：內化道德對心理資本有顯著正向影響

（2）心理資本對主動行為的影響

個體的心理資本可以激發其工作中的主動性。部分研究已經證實，心理資本能夠影響員工的積極行為並有效地揭示角色外行為。例如：Luthans 和 Youssef（2009）的研究中提到，擁有較高心理資本的個體比低心理資本的員工能更好地參與組織公民行為；Rego 等（2012）的研究發現，心理資本可以激發個體的創造力；王立（2011）在對員工友情對建言行為影響的研究中提出，員工心理資本及其 4 個維度對建言行為具有顯著的正向影響。依據資源理論來看，Parker 和 Bindl（2010）將主動行為作為個體設置目標與達成目標的自我調節過程，Baumeister 等（2005）的自我調節資源模型提出，成功進行自我調節需要個體具備充足的資源，資源的匱乏將出現自我衰竭而導致個體的消極退縮。Vohs 等（2008）通過一項實驗研究發現，自我控製資源不足導致的個體自我衰竭狀態將降低其行為的主動性（Active Initiative）。心理資本是個體重要的心理資源（希望、樂觀、韌性、自信）的高階概念，其對個體進行有效的自我調節具有顯著效果。心理資本能夠幫助個體有效地應對壓力、倦怠及產生積極組織行為已經分別在理論和實踐中得到驗證。由此，本書提出心理資本也將作為重要的心理資源對個體工作中主動行為的實施產生顯著的影響。此外，主動行為一直經歷

著特質和情景之間的爭論，Parker（2010）在對主動行為進行整合分析後建立的主動行為理論框架中提到，主動行為內在機理分別來自個體的認知驅動和積極情緒。認知-情感個性系統理論（CAPS）認為個體在跨情景所表現的行為正是其內部穩定而有機的個性結構系統的反應，並將認知與情感兩大因素統一在個性系統中。心理資本是個體以獨特的方式聯結而成的穩定的動力結構，在特定情景中將被激活。Avolio（2004）也指出，心理資本是指有助於預測個體高績效工作和快樂工作指數的積極心理狀態。動態的心理資本將作為認知-情感單元影響個體工作中積極主動的行為。

從心理資本與主動行為的內在聯繫來看，首先，依據自我調節理論，心理資本包含重要的自我動機信念，如自我效能、希望都是主動行為自我調節中目標設置與策略設計的潛在變量。個體在實施主動行為之前要具備充足的信心，這是因為主動行為往往超越角色或職位邊界而具有風險性或遭到周圍的質疑，如主動實施新的方法、主動為上司提出建議，缺乏充足的自我效能是無法成功實施主動行為的，Parker 和 Bindl（2010）將自我效能歸類於主動行為中的「我能」的心理機制中。自我效能對主動行為的實施已經得到了廣泛的驗證。例如：Kanfer 等（2001）研究發現工作搜尋的自我效能感顯著影響主動搜尋行為；而角色寬度自我效能（Role Breadth Self-efficiency）也能較好地預測主動建言、掌控及問題解決等主動行為（Parker & Williams, 2006；Morrison & Phelps, 1999）。Bindl 和 Parker（2009）依據自我調節理論將主動行為劃分為目標設定、計劃制訂、行為實施及結果反饋四個階段。研究結果顯示，角色寬度自我效能能夠顯著影響主動性目標調節的四個階段。

其次，希望這種積極的動機性狀態包含著指向目標的計劃和指向目標的動力。主動行為需要個體從內部設置目標或將外部目標整合到內部，希望為個體提供目標，目標是主動行為活動的起點。Bindl 和 Parker（2009）認為僅僅設置了主動性目標而未加以實施並不構成主動性行為，如僅僅有創新的想法而未將其付諸創新行為的創造力並不能稱作工作中的主動性。當然，希望還能夠為個體實施主動性目標提供途徑和動力，希望中的動力思維驅動個體在尋求目標時會尋找更多途徑，同時，通過有效方法所得到的反饋會進一步激發個體的動機。Luthans 等（2007）認為希望往往意味著個體可以以不同的方式做一項挑戰性的工作。高希望的個體往往採用積極主動的應對方式而能夠獲取較高的業績和幸福感（Curry et al., 1997；陳海賢等，2008）。

再次，韌性是個體的一種「自我調節機制」。韌性往往在個體面臨外

界威脅及逆境時體現出來，它促使個體追求自我實現和精神和諧（於肖楠、張建新，2005）。主動行為的挑戰性和風險性往往也需要個體具備面對困難和逆境時的不屈不撓，以高度的韌性應對外界的不確定性和挑戰（Frese，1997）。Nicholls等人的研究結果表明，心理韌性高的個體更傾向於採用專注於問題的應對策略，包括心理意象、努力付出及思維控製。Frese和Fay（2001）認為主動性要求個體在工作行動過程中需要不斷接受挑戰，應對障礙，與困難做鬥爭，改變通常一開始都不會實施得很完美，經常會遇到挫折和失敗，而韌性在這個過程中不可缺少。Bindl和Parker（2010）也認為韌性帶來個體主動行為的堅持並將主動性目標付諸行動。

最後，樂觀也會在一定程度上影響個體實施主動行為。樂觀是對未來好結果的總體期望，樂觀往往作為個體應對外界的重要心理資源。Stokes（1996）的研究認為，工作中的樂觀精神使員工將挑戰視為一項具有內在機理的學習經歷，因此，樂觀的員工往往會抓住工作情景中的機會，為了積極結果而主動設置目標並努力追求（Carver & Scheier，1994）。Schwarzer（2001）的研究表明，在應對風格中，樂觀主義者往往採用積極主動的應對方式。Suzanne（2003）的支持模型中也提到，樂觀者應對策略的有效性增強了對身體康復的期望及心理調適，即使短期內需要付出一定的心理代價，但個體仍堅持對目標的追求。Fritz和Sonnentag（2009）在對壓力與主動行為關係的研究中提到，積極情感帶來的樂觀精神將激發個體的主動性。

從以往的研究來看，心理資本為個體實施主動行為提供了重要的心理能量，心理資本的動態激活為個體設置並實現主動性目標提供了保障，作為積極心理學核心構念的心理資本與主動行為存在著必然的邏輯關係。由此，本研究提出假設：

H3：心理資本對主動行為有顯著正向影響
H3a：自信對主動行為有顯著正向影響
H3b：希望對主動行為有顯著正向影響
H3c：樂觀對主動行為有顯著正向影響
H3d：韌性對主動行為有顯著正向影響

（3）心理資本的仲介效應

領導是組織情景中資源的分配者。領導為下屬提供工作資源及心理資源，獲取資源的下屬才能實施積極有效的工作行為，由此來看，資源是領導與下屬積極行為或績效間的重要仲介。Hobfoll（2002）在其研究中確認了三種具體的、與個人心理彈性相關的基本資源：自我效能感、基於組織

的自尊和樂觀主義。Luthans 等（2007）提出心理資本是心理資源的高階概念，它與人力資本及社會資本一樣可以投資、開發以及管理。心理資本在誠信領導與下屬主動行為之間起仲介作用的機理主要體現為：誠信領導強烈的自我意識、言行中展現出的自信、對追隨者的信任和信心以及高尚品德形成的內在道德觀，為下屬提供認知、情感及道德援助，幫助下屬樹立信心與希望、提升樂觀精神與韌性，而這些重要的心理資源將成為個體主動設定目標並加以實施的重要能量保證。具體來說，希望為個體實施主動行為提供目標及實現目標的計劃（路徑思維），從而使個體更容易看清方向和目標期望；由於主動性行為可能會遭遇到同事的質疑，自我效能與樂觀預期便為個體實施目標提供了信心保障與積極預期；而韌性幫助個體不斷地從外界尋求反饋並積極應對障礙，與困難做鬥爭。心理資本的仲介作用已經得到廣泛的證實：Rego 等（2012）的研究證實了誠信領導可以通過心理資本影響下屬的創造力；Walumbwa 等（2011）的研究也發現誠信領導可以通過提升下屬的心理資本而使下屬實施更多的組織公民行為；韓翼和楊百寅（2011）通過 297 份電力企業領導者及員工配對調查研究，驗證了心理資本在誠信領導與下屬創新行為關係中的仲介作用。誠信領導能夠幫助下屬樹立信心、賦予下屬希望，從而提升下屬面對困境的樂觀態度與韌性。

　　當然，領導是領導者與下屬之間的雙向互動過程，領導行為能引起部屬的心理反應進而影響其工作績效和行為。從 CAPS 理論來看，人們遇到的事件往往會與個性系統中的認知-情感單元（CAUs）發生交互作用，並最終決定人們的行為。具體來說，誠信領導的真實、積極並支持自主的內在特徵更容易取得下屬的認同和信任，以認同和信任為特徵的編碼將激活下屬與誠信領導相同或類似的信念（希望、自我效能、積極情緒、樂觀精神）進而設定自我調節的目標、計劃及策略，通過這種自我調節系統，個體可以戰勝刺激控制，實質性地影響環境。誠信領導與下屬構建透明、可信賴的關係能更容易激活個體的認知-情感個性系統網路，有利於個體設定主動性目標進行自我調節，也使得下屬願意付出額外的努力（如組織公民行為、角色外行為），減少撤退行為（詹延遵、凌文輇、方俐洛，2005）。Avolio 等人（2004）在以領導、情緒、信任、社會認同和同一性為特徵的誠信領導模型中提出，在誠信領導與下屬積極態度與積極行為的關係中，認同（編碼）、希望（預期）、積極情緒（情感）、自我效能與樂觀（信念）起仲介作用，仲介變量間也會發生相互影響，這在一定程度上間接證實了誠信領導是通過激活下屬的認知-情感個性系統網路進而影響

下屬有效地實施自我調節。心理資本包含著認知與情感要素，如 Peterson (2000) 指出，樂觀包含了認知成分、情感成分與動機成分。心理資本是類似於狀態的積極心理力量，是個體對外界建構產生的特定的認知和行為能力，它符合 CAPS 理論對認知-情感單元的重要假設。

從以上理論與實證兩個角度都可以得出誠信領導、心理資本、主動行為之間存在著相應的邏輯關係，即誠信領導可以提升下屬的心理資本進而激發下屬工作中的主動行為。由此提出相關假設：心理資本在誠信領導和下屬主動行為之間起仲介作用。

H4：心理資本在誠信領導與主動行為之間起仲介作用
H4a：自信在誠信領導與主動行為之間起仲介作用
H4b：希望在誠信領導與主動行為之間起仲介作用
H4c：樂觀在誠信領導與主動行為之間起仲介作用
H4d：韌性在誠信領導與主動行為之間起仲介作用

3.2.3 同事支持感與下屬傳統性的調節效應

（1）同事支持感對心理資本與主動行為的調節效應

對於誠信領導作用效果的邊界條件和適用條件，即在「何時」發揮作用值得關注。在情景方面，國家、文化、組織和團隊情景都是影響誠信領導作用發揮的重要影響因素（Cooper, 2005；Gardner, 2011；Luthans & Avolio, 2003；Rego, 2014）。

首先，從主動行為的內在特徵來看，在組織情景中，主動行為的實施具有一定的風險性，這種風險主要源自於主動行為的實施往往超越職位或角色邊界，主動行為的這種職位以及角色「越位」可能會遭到同事的反對而無法有效實施（Frese, Garst, Fay, 2007；Morrison & Phelps, 1999），因此人際的支持對於主動行為的實施顯得尤為重要。

其次，從資源理論來看，誠信領導雖然可以通過賦予下屬心理資本進而激發下屬工作中的主動性，但這個仲介過程將會受到同事支持感的調節。具體來說，個體是否將已經轉化的心理資源進行投資取決於個體對特定外界情景的資源收益或目標達成情況的感知。當同事支持感較高時，這種資源信號意味著心理資本將更有利於主動性目標的設定與達成而獲取更豐富的資源。而當同事支持感較低時，同事認為主動行為是出風頭的表現，對喜歡實施主動行為的員工敬而遠之，個體心理資本與主動行為之間的關係將被弱化，這是因為較低的同事支持感將帶來較低的信任感和安全感，個體若將心理資本投資於主動行為將可能遭到同事的錯誤歸因甚至排

擠，最終降低整體資源。因此，個體會將心理資本存儲起來，最終弱化心理資本與主動行為之間的關係。同事支持感作為個體實施主動行為的價值判斷已經得到部分證實，如楊英和李偉（2013）的研究證實了同事支持感能夠正向調節員工獲取心理授權與主動創新行為之間的關係。

最後，從自我決定理論來看，人際支持提供的歸屬感能夠幫助個體將外部目標或價值觀內化，而人際間的冷漠甚至隔閡將降低歸屬感而使員工對外在目標產生懷疑導致無法積極主動。如 Zhou 和 George（2007）發現，同事提供的建設性反饋及團隊成員的幫助可以將組織承諾度高的員工的工作不滿意狀態轉化為實際的建言行為，並以創造性工作的形式表現出來。Warshawsky 等（2012）基於醫院護士的研究指出，人際關係質量能夠有效預測護士經理的主動行為。因此，當同事支持感較高時滿足的關係需要將促進心理資本這種積極動機狀態並激發個體主動行為，而同事支持感較低則將降低歸屬感並弱化心理資本這種積極動機狀態的作用。因此，誠信領導雖然能夠激發下屬的主動性，但從內在機制來看，下屬將心理資本投資於主動行為的情況將決定著誠信領導對下屬主動行為的影響機制。也就是說，同事支持感將調節、干預誠信領導與下屬主動行為關係的仲介過程。

H5：同事支持感在心理資本與主動工作行為間起正向調節作用。同事支持感越強，心理資本與主動行為的正相關關係越強；同事支持感越弱，心理資本與主動行為的正相關關係越弱。

（2）下屬傳統性對心理資本與主動行為的調節效應

中國是一個具有儒家傳統文化的國家，大多數學者認為中國企業的管理必須能夠適應中國特殊的文化環境，不能照搬西方的管理實踐，否則將水土不服[1]。傳統性代表著個體在中國文化的浸潤下，其行為雖然要滿足其內心體驗，但在外在眾多不成文的規範的約束下，個體會努力約束自己的行為以符合社會的要求。也就是說，個體對外在規範的適應將可能導致其「知」和「行」無法得到統一。「知」意味著知道、瞭解這樣的事實或具備一定的心理狀態，「行」意味著其言行將符合社會規範的要求。

傳統性代表著中國傳統文化情景中人際間的互動模式，也代表著中國傳統文化對人的要求下個人所具有的認知態度與行為模式，在一定程度上代表員工對依據儒家五倫思想（如君臣、父子、夫妻、長幼等）所定義的等級角色關係的認可程度[2]。從資源視角來看，高傳統性個體具有守成自

---

[1] 陳曉萍. 跨文化管理［M］. 北京：清華大學出版社，2005.
[2] 楊國樞. 中國人的心理［M］. 北京：中國人民大學出版社，1970.

保、害怕失誤的特點，其保守的特徵使得個體即使能夠通過誠信領導獲取較高的心理資源，也不願意嘗試主動設定工作目標去控製甚至改變外界環境，因為這樣將可能導致資源的損耗。如周浩和龍立榮（2012）的研究發現，變革型領導雖然可以通過授權激發下屬向領導和同事主動建言，但高傳統性的個體即使組織心理所有權高也較少主動建言。由此，誠信領導雖然可以提升下屬心理資本進而激發下屬實施主動行為，但高傳統性的個體認為威脅同事利益甚至可能引起同事不快的主動行為將降低整體資源水平，進而較少實施主動行為。而低傳統性個體在資源投資價值判斷中較少持有自保守成的價值觀念，在獲取了心理資源後能夠投資於主動行為以獲取更豐富的資源。從社會交換視角來看，低傳統性個體對組織或上級的態度和行為是由其與組織（或上級）間的交換關係所決定的。誠信領導信任下屬並與下屬建立高質量的交換關係，低傳統下屬也不會辜負上級的這份期望從而在工作中更加積極主動；而高傳統性的個體無論組織如何對待自己，總是恪守自己作為下屬的義務（Hui，2004；彭正龍等，2011）。而從自我決定理論來看，依據Gagne和Deci（2005）對因果定向與工作動機關係的研究，高傳統性的個體容易受到外部環境的影響，遵從權威的特徵使其更容易受制於人而表現為控製定向，對宿命自保與安分守成的堅持也使其認為無法控製行為的結果和意圖，所以缺乏行動意願。控製定向的個體行為表現出來的動機往往是外在動機及內攝動機（免於羞愧、內疚），從Parker和Bindl（2010）的研究來看，雖然這種動機來自於內部，但顯然攝於羞愧、恐懼或內疚而產生的行為不是自由選擇的，這種動機不會激發主動性，相反還會抑制主動行為。因此，即使誠信領導激發了下屬的積極心理狀態，高傳統性的下屬也不會根據自己的想法開展活動，其主動性較低。而低傳統性的個體將表現出自主定向的特徵，追求自我決定和機會選擇，認為情景事件是機遇與挑戰，積極採取行動以抓住這些機會進而促進積極的工作結果。基於以上分析可以得出，下屬的傳統性將調解心理資本與主動行為之間的關係進而間接影響誠信領導與主動行為之間的關係。下屬的傳統性越高，心理資本與主動行為的正相關關係越弱；下屬的傳統性越低，心理資本與主動行為的正相關關係越強。

　　H6：傳統性在心理資本與主動行為之間起負向調節作用。傳統性越高，心理資本與主動行為的正相關關係越弱；傳統性越低，心理資本與主動行為的正相關關係越強。

3.3 研究假設匯總

經過上述的論證分析得出本研究待驗證的 22 個研究假設，如表 3-1 所示。在本研究的研究假設中，除誠信領導對下屬心理資本的影響的研究假設屬於驗證性假設外，其餘 17 個研究假設均屬於開拓性質的研究假設。

表 3-1　　　　　　　　　　研究假設匯總

假設	假設內容	假設性質
H1	誠信領導對主動行為有顯著正向影響	開拓性
H1a	關係透明對主動行為有顯著正向影響	開拓性
H1b	自我意識對主動行為有顯著正向影響	開拓性
H1c	內化道德對主動行為有顯著正向影響	開拓性
H1d	平衡處理對主動行為有顯著正向影響	開拓性
H2	誠信領導對心理資本有顯著正向影響	驗證性
H2a	自我意識對心理資本有顯著正向影響	驗證性
H2b	關係透明對心理資本有顯著正向影響	驗證性
H2c	平衡處理對心理資本有顯著正向影響	驗證性
H2d	內化道德對心理資本有顯著正向影響	驗證性
H3	心理資本對主動行為有顯著正向影響	開拓性
H3a	自信對主動行為有顯著正向影響	開拓性
H3b	希望對主動行為有顯著正向影響	開拓性
H3c	樂觀對主動行為有顯著正向影響	開拓性
H3d	韌性對主動行為有顯著正向影響	開拓性
H4	心理資本在誠信領導與主動行為之間起仲介作用	開拓性
H4a	自信在誠信領導與主動行為之間起仲介作用	開拓性
H4b	希望在誠信領導與主動行為之間起仲介作用	開拓性
H4c	樂觀在誠信領導與主動行為之間起仲介作用	開拓性
H4d	韌性在誠信領導與主動行為之間起仲介作用	開拓性

表3-1(續)

假設	假設內容	假設性質
H5	同事支持感在心理資本與主動工作行為間起正向調節作用。同事支持感越強，心理資本與主動行為的正相關關係越強；同事支持感越弱，心理資本與主動行為的正相關關係越弱。	開拓性
H6	傳統性在心理資本與主動行為之間起負向調節作用。傳統性越高，心理資本與主動行為的正相關關係越弱；傳統性越低，心理資本與主動行為的正相關關係越強。	開拓性

3.4 本章小結

　　本章在前人相關文獻研究的基礎上，基於資源理論、自我決定理論、認知-情感個性系統理論等相關理論提出本研究的理論概念模型，在結合企業內部管理實踐的基礎上對誠信領導與下屬主動行為之間的關係進行了假設推導。其中基本假設包括：誠信領導對下屬主動行為的積極影響、心理資本在誠信領導與主動行為間起仲介作用、同事支持感在心理資本與主動工作行為間起正向調節作用、傳統性在心理資本與主動行為間起負向調節作用。具體可以體現為22個待驗證的研究假設。

4 研究設計

本章在提出的理論模型的基礎上，首先，對核心變量進行具體、清晰的操作化定義。其次，在遵循問卷設計的基本原則和過程的基礎上設計與編制初始測量問卷。最後，通過小樣本對初始問卷進行預測試，並採納相關專家學者和企業內員工的建議對初始問卷的題項和內容佈局進行篩選、補充、修正，最終根據相應的數據統計分析結果形成正式調查問卷。本研究中實地調查研究的順利開展需要進行有效的問卷調研，為保證研究的嚴謹性，書面的問卷要遵循一定的原則和步驟並通過相關測量題項收集、分析調查信息。在此基礎上，分析相關變量之間的定量關係，最終深入揭示核心變量間的作用機制。

4.1 變量操作性定義

4.1.1 自變量：誠信領導

本研究借鑑 Walumbwa 等（2008）的研究將誠信領導定義為：誠信領導是通過自身積極心理能力影響追隨者的自我意識及自我調節，並與追隨者建立真實、可靠的協作關係以贏得追隨者信任，進而促進群體及組織目標實現的過程。誠信領導包含自我意識、關係透明、內化道德及平衡處理4個維度。其中，自我意識即自我分類及自我感知，誠信領導對於自我的優點和缺點具有全面而深刻的認知，包括深層瞭解展現於他人面前的真實自我；關係透明即對外呈現真實自我，誠信領導給他人展現誠信的自我以促進領導與下屬間的信任，包括信息共享和真實想法表述，以降低領導與下屬之間的潛在衝突；內化道德指誠信領導的態度及行為是由其內在的道

德價值觀決定而非由組織或社會的壓力所造成的；平衡處理指誠信領導做決策之前能夠廣泛徵求意見並進行客觀的分析。

4.1.2 仲介變量：心理資本

本研究借鑑 Luthans 等（2007）的研究，將心理資本界定為個體在成長和發展過程中表現出來的一種積極心理狀態。主要包含4個維度：自信、韌性、樂觀和希望。其中，自信即自我效能，是個體在面臨挑戰時的自信狀態；韌性是指個體能從逆境、失敗及挫折中快速恢復過來；樂觀是個體對未來的積極預期；希望是個體為實現未來目標而積極努力的動機狀態。

4.1.3 調節變量

（1）同事支持感

本研究借鑑 Etzion（1984）的研究將同事支持感定義為：個體感知到的同一組織中同等地位的人們相互提供的工具、情感及信息方面的支持和援助。同事間的相互支持有利於改善員工之間的關係並化解人際矛盾。

（2）傳統性

本研究借鑑楊國樞（1993）對傳統性的研究將傳統性定義為：中國傳統社會中個人所最常具有的一套典型的涉及動機、評價、態度與氣質方面的特徵模式，具體包括孝親敬祖、遵從權威、安分守成、宿命自保和男性優越5個維度。其中，遵從權威強調各種角色的關係與社會情景中的遵守、順從、尊重及信賴權威，對首長、領袖、父母等傳統權威的依賴程度愈強，其遵從權威的心態也就愈強；孝親敬祖指的是孝敬父母與敬祭祖先，如不能使父母擔憂、願為父母做事、尊重父母意見、親自供養父母及繼承父母志業；安分守成強調自守本分、與人無爭、逆來順受、接受現實；宿命自保強調保護自己與家庭，少管閒事以避免麻煩；男性優越則代表男性優於及超越女性的態度。

4.1.4 因變量：主動行為

本研究借鑑 Bindl 和 Parker（2010）的研究將主動行為定義為：組織情景中個體為達成自我設定的變革性目標（改變外界環境或改變自身）而努力改變或控制自己的認知、情緒及行為的過程，包含目標設定、計劃制訂、行為實施及結果反饋4個維度。其中，目標設定是個體在感知外界環境的基礎上自發設定目標；計劃制訂是個體針對目標制訂相應的行動策略

與方案；行為實施是個體為達成主動性目標而實施的行為；結果反饋是個體對主動行為實施過程進行評價和判斷進而對後續行為產生影響。

4.2 問卷設計

4.2.1 問卷設計原則

為確保問卷調查過程的嚴謹性，調查問卷的設計須基於理論假設，同時也要基於被訪者的知識背景，並保證問題的完備性、互斥性及能夠被正確理解。只有這樣才能得出相對滿意的研究結果。楊國樞和文崇（2006）認為在問卷設計過程中，需遵循以下原則：一是問卷詞句表達要明確清晰，避免包含雙重觀念與事實的題項；二是用詞盡量中性以免誘導填答者，且不能帶有傾向性，避免激發答卷者為滿足社會期望值而答題的動機；三是基於研究目的設計題項，使問卷內容符合研究情景和假設模型；四是問題表達應簡潔、易懂，避免太過抽象、太晦澀的詞句，避免專業術語以及把問題理論化；五是避免不完整的非完備問題；六是在指導語部分，向被訪者說明研究目的並做出保密承諾、研究人員對答卷者的承諾（如結果與答卷者分享並對調研數據保密）提供聯繫方式並表達對答卷者的感激等。若量表是對國外研究量表的翻譯，應該保證翻譯質量，確保量表的實用性和可行性。

4.2.2 問卷設計過程

本研究將基於上述原則設計相關調查問卷，具體步驟如下：

第一，根據研究目的對本研究涉及的核心變量進行回顧和整理，基於研究需要對變量進行操作性定義並建立變量之間的邏輯關係。在梳理相關核心變量文獻的過程中，收集和整理那些已經被驗證的、具有較高信度和效度的成熟國外量表（謝家琳，2008）。

第二，通過英漢對譯，產生中文版本的測量條款。不同的文化、語言背景可能導致測量量表存在跨文化差異，為避免不恰當翻譯對原量表產生的曲解和歪曲，在研究過程中，可以採用對譯的方式還原測量題項在不同情景下的真實表達。在本研究中，誠信領導、心理資本、主動行為、同事

支持感 4 個量表均是借鑑國外學者開發的成熟量表。為確保嚴謹性，本研究的具體的方式如下：首先，請組織行為專業及工商管理專業的博士對國外的英文量表進行翻譯，並對翻譯後的中文量表進行討論、分析及整理，爭取做到準確、簡潔、易懂及符合中國人的思維習慣和表達習慣。其次，請兩名英語專業的博士將翻譯後的中文問卷重新翻譯為英文，並對兩個英文版本進行對比分析，對那些差異和分歧較大的題項進行修正性翻譯，直到中文版本的量表能夠正確反應原版量表的測量意圖為止。

第三，通過討論及訪談優化初始問卷。在對量表進行有效翻譯的基礎上，通過討論及對企業內部人員及專家的訪談優化初始問卷。具體步驟如下：首先，就調查問卷中的問卷佈局、開篇導語、題項內容、問卷結構等相關問題舉行小規模的科研團隊討論會，與部分專家（導師、相關領域的研究者和組織行為與人力資源管理專業的博士研究生）進行討論分析。其次，就問卷題項的措施、題項的情景對研究對象（在職 MBA 學員、企業員工和企業管理人員）進行小規模的訪談，對問卷的合理性進行深入的分析。在討論和訪談結果的基礎上，結合專家、企業管理者及員工的意見，對問卷進行進一步補充和完善，最終形成研究調研問卷。

第四，通過小樣本測試檢驗、修正、完善初始調查問卷。初始調查問卷還需要進行小樣本的檢驗，馬慶國（2003）及榮泰生（2005）均認為小樣本測試可以篩選和淨化題項，達到檢驗問卷信度和效度的目的。針對檢驗結果與相關專家交流，進一步修正和補充初始問卷，以形成最終調查問卷。

4.2.3 社會讚許性偏差處理

使用自陳式報告形式的調查問卷進行測量會受到社會讚許性偏差（Social Desirability Bias）的干擾（Arnold & Feldman，1981）。社會讚許性偏差即個體為維護自己良好的形象而出於印象管理動機或為免於批評、責罰、尷尬而表現出的積極自我評價或自我描述，這種迎合社會期許及他人期望的回答往往會對數據的準確性造成負面影響（Ganster，Heimessey，Luthans，1983）。在中國情景下，社會禁忌、社會規範、人際壓力、面子等敏感問題更容易促使社會讚許性偏差問題的出現（Pauthus，1984；榮泰生，2005）。為防止社會讚許性偏差對本研究造成干擾，本研究做了以下相關處理：一是問卷的表達上盡量採用客觀、中性的表達方式；二是問卷發放過程中強調問卷的匿名性和學術性，做好問卷的保密回收工作，降低

被試者的戒備心理。

4.2.4 共同方法偏差處理

在實際研究中，若測量環境及語境相同、數據來源一致，這將很容易導致測量變量與效標變量的人為共變，這種人為導致的共變被稱作共同方法偏差（Common Method Biases）。行為科學研究中，共同方法偏差作為系統性誤差對研究結果產生混淆及誤導是廣泛存在的（Podsakoff et al., 2003）。對於共同方法偏差對本研究造成的消極影響，本研究基於周浩和龍立榮（2004，2008）對共同方法偏差的程序控制和統計控製的觀點，在程序控制方面進行了以下相關處理：一是在基於嚴謹理論構思及對國外成熟量表借鑑的基礎上，控制情景誘發的社會讚許性偏差，客觀闡述問卷語言，避免主觀態度傾向流露；二是對平衡測量題項的順序安排、問卷的題項安排做到由淺及深、前後呼應，將敏感問題後置，此外，設置反向問題推測數據的真實性；三是測量過程中做到時間、空間、方法、心理及方法上的分離，消除被試者的戒備心理，贏得被試者對研究的理解和支持並做好問卷結果的保密工作。

4.3 變量相關測量量表

根據相關文獻及理論對誠信領導、心理資本、主動行為、同事支持感以及傳統性進行定義，收集國內外相關成熟量表來設計變量的測量問卷。採用李克特 5 級計分法對變量進行測量，其中，1＝非常不符合、2＝不符合、3＝不確定、4＝符合、5＝非常符合。

4.3.1 誠信領導測量量表

本研究採用 Walumbwa 等人（2008）對誠信領導構念所編制的 4 維度量表（Authentic Leadership Questionnaire）來衡量下屬對誠信領導領導風格的認知程度。該量表共 16 個題目，其中自我意識 4 項、關係透明 5 項、內化道德 4 項、平衡處理 3 項。Walumbwa 在以中國 212 名員工為樣本的研究中，分量表信度係數 α 分別為 0.92、0.87、0.76、0.81。4 維度誠信領導的二階結構方程擬合良好，X^2/df 為 2.399，RMSEA 為 0.05，CFI 為 0.97。

誠信領導測量量表如表 4-1 所示。

表 4-1　　　　　　　　　　誠信領導測量量表

測量維度	編號	題項
關係透明	AL1	他/她能實事求是，如實評價下屬。
	AL2	他工作中觀點清晰，不含糊其辭。
	AL3	他/她敢於承認自己的錯誤。
	AL4	他/她會流露真實情感。
	AL5	他/她鼓勵大家暢所欲言。
自我意識	AL6	他/她有自知之明。
	AL7	他/她瞭解下屬如何看待她的能力。
	AL8	他/她瞭解其作為領導的影響力。
	AL9	他/她能夠坦誠與下屬交流。
內化道德	AL10	他/她言行一致。
	AL11	他/她要求下屬講真話。
	AL12	他/她所做出的決定符合其自身的核心價值觀或信念。
	AL13	他/她面臨艱難決策時能體現一定的道德水平。
平衡處理	AL14	他/她在做決策前會聽取下屬的意見。
	AL15	他/她在做決策前會分析外界客觀數據。
	AL16	他/她在做決策前也會徵求一些反面意見。

4.3.2　心理資本測量量表

本研究採用 Luthans、Youssef 和 Avolio（2007）對心理資本開發的測量量表（Psychological Capital Questionnaires，PCQ），該量表共包含自信、希望、韌性和樂觀 4 個維度，每個維度包含 6 個題項，共 24 個題項，其中譯本也已由國內學者李超平（2008）完成。該測量量表的信度和效度已經在中國企業情景下得到了驗證。隋楊等（2012）、高中華等（2008）的研究均採用了這一測量工具。心理資本測量量表如表 4-2 所示。

表 4-2　　　　　　　　　　　心理資本測量量表

測量維度	編號	題項
自信	PC1	我相信我可以分析長遠的問題，並找到解決方案。
	PC2	與管理層開會過程中，在陳述自己工作範圍內的事情時我很自信。
	PC3	我相信我的想法對公司戰略有貢獻。
	PC4	在我的工作範圍內，我相信我能夠幫助設定目標。
	PC5	我相信自己能與公司外部的人（如供應商、客戶）聯繫並討論問題。
	PC6	我相信自己能夠向同事陳述信息。
希望	PC7	如果我發現自己在工作中陷入了困境，我會想辦法擺脫出來。
	PC8	目前，我在精力飽滿地完成自己的工作目標。
	PC9	任何問題都有很多解決方法。
	PC10	眼前，我認為自己在工作上相當成功。
	PC11	我能想出很多辦法來實現我目前的工作目標。
	PC12	目前，我正在實現我為自己設定的工作目標。
韌性	PC13	在工作中遇到挫折時，我可以很快從中恢復過來並繼續前進。
	PC14	在工作中，我無論如何都會去解決遇到的難題。
	PC15	在工作中，如果不得不去做，可以說，我可以獨立應戰。
	PC16	我通常對工作中的壓力能泰然處之。
	PC17	因為以前經歷過很多磨難，所以我現在能挺過工作上的困難。
	PC18	在我目前的工作中，我感覺自己能同時處理工作中的很多事情。
樂觀	PC19	在工作中，當遇到不確定的事情時，我通常期盼最好的結果。
	PC20	如果某件事情會出錯，即使我明智地工作，它也會出錯。
	PC21	對自己的工作，我總是看到事情光明的一面。
	PC22	對我的工作未來會發生什麼，我是樂觀的。
	PC23	在我目前的工作中，事情從來沒有像我希望的那樣發展。
	PC24	工作時，我總相信黑暗背後是光明，不用悲觀。

4.3.3 主動行為測量量表

　　本研究根據對主動行為的界定而選取 Bindl 和 Parker（2012）編制的主動行為測量量表。他們認為以往主動行為的測量雖然會出現社會讚許問題，但由於主動行為包含著不可觀測的部分，所以有時採取自陳式的測量

方式也是必要的。該量表包含目標設定、計劃制訂、行為實施及結果反饋4個維度，每個維度3個題項，共12個題項。Bindl 和 Parker 在通過情緒對主動行為的影響研究中驗證了該量表具有較高的信度和效度。主動行為測量量表如表4-3所示。

表 4-3　　　　　　　　　　　主動行為測量量表

測量維度	編號	題項
目標設定	PB1	工作中我會設想如何更好地完成本職工作。
	PB2	工作中我會想方設法提升工作效率。
	PB3	工作中我會想方設法改善客戶服務。
計劃制訂	PB4	改變工作方法或工作方式前，我會在腦海裡設計出不同的情景。
	PB5	工作中在為領導或同事提出建議前我會先調整好自己的情緒。
	PB6	在決定如何行動前，我會從不同的角度設想相關變革情景。
行為實施	PB7	工作中我會改變工作方法或工作方式。
	PB8	工作中我會嘗試更高效的工作方法。
	PB9	工作中我會產生一些提升工作效率的想法。
結果反饋	PB10	我會從他人(同事、領導)那裡獲取對我改變工作方法的反應。
	PB11	我會從改變工作方法中不斷汲取教訓。
	PB12	改變工作方法的同時，我會一直關注這些行為帶來的影響。

4.3.4　傳統性測量量表

本研究選取 Farh 等（1997）編制的中國人傳統性簡版測量量表（Chinese Individual Traditionality Scale，CITS），Farh 等從15個題項中抽取了5個題項，典型題項如「要避免發生錯誤，最好的辦法是聽從長者的話」。周浩等（2012）、吳隆增等（2009）及賀偉等（2011）的研究中均採用了這一測量工具。傳統性測量量表如表4-4所示。

表 4-4　　　　　　　　　　　傳統性測量量表

編號	題項
TRA1	要避免發生錯誤，最好的辦法是聽從長者（父母或領導）的話。
TRA2	父母的要求即使不合理，子女也應照著去做。
TRA3	即使工作不順心，也要努力承受，安分於自己的職業。
TRA4	男性在社會上起主導作用，而且在工作上總是比女性做得好。
TRA5	國家領導就像一家之主，公民應當服從他在所有國家問題上的決定。

4.3.5 同事支持感測量量表

本研究測量同事支持感時採用 Ganster 等（1986）改編自 Caplan 等（1975）的同事支持感測量量表。該量表共有 4 個題項，典型題項如「遇到棘手任務時，我相信同事能夠幫我解決問題」「同事願意幫助我，這使我的工作和生活過得更容易」「同事願意傾聽我個人的問題」等。量表的 Cronbach's α 系數為 0.72。同事支持感測量量表如表 4-5 所示。

表 4-5　　　　　　　　　　　同事支持感測量量表

編號	題項
CS1	我身邊的同事容易相處。
CS2	遇到棘手任務時，我相信同事能夠幫我解決問題。
CS3	同事願意傾聽我提出的問題，並願意提供幫助。
CS4	同事願意幫助我，這使我的工作和生活過得更容易。

4.3.6 控製變量

本研究將調查中員工的年齡、性別、受教育程度、組織性質、工作年限及職位等人口統計學變量作為研究中的控製變量。其中，年齡按實際歲數分為 6 個等級；性別分為男性與女性；受教育程度分為 4 個等級：高中/中專及以下、大專、本科、碩士研究生及以上；職位分為普通員工、基層管理者、中層管理者；工作年限按員工在本單位或本崗位上的工作年份分為 5 個等級。

4.4　深度訪談

深度訪談法（In-depth Interview Method）是在探索性和驗證性研究中被經常使用的定性分析方法，即在適當的氛圍中，使被調查者自由地表達其感受、需要、動機等觀點和態度的一種資料收集方法。根據參與人數的多少又分為個別深度訪談和小組深度訪談；根據訪談是否有正式提綱引導，可以分為非結構式訪談和半結構式訪談。在訪談前，根據訪談目標和訪談內容，需要設計一個訪談提綱，瞭解員工的態度和行為，以消除訪談

中他人的影響及受訪者的種種顧慮，這樣能更真實地探尋員工的心理機制及影響因素。本研究採用個別深度訪談和半結構式訪談相結合的方式。

4.4.1 訪談目的

本研究以有一定工作經驗的員工為樣本，採用深度訪談的方法驗證模型的合理性及相關構念的效度。具體要達成的訪談目的包括：

①進一步探究工作場所主動行為的內涵、方式、特徵。

②深入探索領導方式及領導風格對主動行為實施是否具有顯著的預測作用，特別是誠信領導對主動行為的影響因素及個體實施主動行為的心理機制，以幫助進一步檢驗提出的理論模型。

4.4.2 訪談對象選取

本研究重點選取有一定工作經驗的員工群體為主要的訪談對象，要求其談及在工作場所中實施主動行為的經歷、經驗及體會。訪談對象信息如表 4-6 所示。

表 4-6　　　　　　　　　訪談對象信息

訪談編號	訪談對象	企業性質	工作崗位	性別	工作年限	收集方式
1	李**	國有企業	市場營銷	男	5	訪談記錄
2	王**	國有企業	財務管理	男	6	工作心得
3	崔**	民營企業	倉庫管理	女	6	訪談記錄
4	盧**	民營企業	人力資源管理	男	7	工作心得
5	彭**	民營企業	行政管理	女	10	訪談記錄
6	楊**	外資企業	客服管理	女	12	訪談記錄
7	夏**	事業單位	科研管理	女	8	訪談記錄
8	趙**	合資企業	財務管理	男	13	工作心得
9	邢**	外資企業	生產管理	男	5	訪談記錄

4.4.3 訪談資料收集

訪談資料主要通過收集工作心得與深度訪談兩種形式獲取。

（1）工作心得

研究者通過 Email 及 QQ 等即時通信工具與被訪者取得聯繫，向其介紹心得收集目的與主題，並保證工作心得的收集僅用於學術研究，充分保護其隱私；邀請他們以工作心得的形式圍繞研究者的訪談問題記錄自己工

作經歷中對領導的認知及實施主動行為的經歷和體會；要求受訪者三個星期內以電子版形式給予反饋，以保證其有充足的時間進行思考；獲取資料後，針對資料中存在的相關問題還會繼續進行溝通。

（2）深度訪談

深度訪談主要用於收集在組織情景中個體對於某個主題或現象的態度和信念的信息。訪談從開放性問題出發，隨後將逐漸增加與研究主題相關的探索性問題，當受訪者的訪談開始產生與以前的訪談一致的信息時，則意味著已收集到該主題相對充分的信息。由於訪談過程彈性很大，所有訪談應盡量避免誘導性問題及簡短性回答，應鼓勵與受訪者積極互動，激勵受訪者提供更多、更豐富的信息。同時，應關注受訪者的身體語言及面部信息，適當對有關問題進行追問。訪談應選取不易被打擾的地點，如辦公室、家中等安靜場所，訪談過程全程錄音，每個受訪者的受訪時間大約為30~50分鐘，訪談結束後，研究者將對受訪內容進行討論、整理。

（3）訪談主要問題

①介紹一下你的個人基本情況：性別、年齡、學歷，在該公司的工作年限、收入狀況、崗位、所在的部門。

②你對你的直接上司的領導風格和領導方式有什麼樣的看法？你最看重他哪幾點領導品質或領導行為？

③你在工作中會去實施主動行為嗎？你怎麼理解工作中的主動行為？能否告訴我一次成功實施主動行為的經歷？實施的情景是怎樣的？

④你是否會為更好地完成本職工作而想方設法去設定一些目標或制訂工作計劃？甚至做一些不屬於自己職責範圍內的事情？舉例說明一下或者談談當時的場景。

⑤工作中你會真正實施那些有助於提升效率的工作方式或方法嗎？當然，如果失敗了你會從中汲取教訓嗎？

⑥工作中哪些情景或原因會促使你實施主動行為？你的上司對你實施主動行為有影響嗎？具體來說，他/她的哪些行為或特徵會影響你的工作主動性？為什麼？

⑦工作中你與同事的關係怎麼樣？容易相處嗎？在工作中你若積極主動，他/她會持什麼態度？

⑧你覺得工作中積極主動或實施主動行為需要自身的哪些素質或能力？你覺得自信、樂觀、希望這些積極心理對主動行為有影響嗎？

⑨你覺得中國人的傳統價值觀有哪些？這些價值觀對你在工作中的態度和行為會產生影響嗎？談談你的看法？

4.4.4 訪談資料整理

（1）訪談資料整理方法

本研究邀請1名非該領域的博士生和1名碩士生對訪談內容進行歸類整理，在整理資料過程中，對資料進行編碼以便於分析。首先，對資料記錄逐步進行概念化和範疇化，從資料中發現概念、範疇並對其進行命名，這個過程中，研究者應該避免個人傾向，對所有資料按需要進行整理譯碼。其次，在屬性和面向的層次上來連接各類別，這個過程被稱為主軸譯碼。主軸編碼主要運用因果條件-現象-脈絡-仲介條件-行動/互動策略-結果這一研究範式使開放式譯碼中得出的各項範疇聯繫在一起。這種研究方法屬於典型的扎根理論方法，通過該研究方法來探究事物產生的情景、條件以及事件中行動者採取的策略及結果進而把握事件的內在規律。最後是通過精煉理論過程和選擇性譯碼過程來確定研究的核心範疇，形成理論路線並與其他範疇建立連接，最終形成完整的理論框架。訪談資料整理結果如表4-7所示。

表4-7　　　　　　　　訪談資料整理及要素提取

變量	訪談記錄	要素提取
誠信領導	①「領導的重要品質主要是體恤下屬,實事求是,不弄虛作假」	透明公開
	②「只有那些有激情、有親和力、做事公正公平的人才能領導大家」	
	③「領導要有自知之明，誠信可靠，最好不要說一套做一套」	
	④「領導應該是道德的楷模，遵守社會公德，恪守自己的信念」	道德觀念
	⑤「領導不能欺上瞞下，甚至為個人利益損害下屬利益」	
	⑥「領導最好和下屬打成一片，真實流露」	真實自我
	⑦「即使是領導也有犯錯的時候，要能夠謙虛聽取周圍人的意見，不能太過武斷專行」	
主動行為	①「發揮主動性的方式很多，我看主要還是要對自己的工作有目標、有想法」	制定目標
	②「主動行為可能是要做一些本不屬於自己職責範圍內的事情」	
	③「主動行為即在工作中嘗試更高效的工作方法」	制訂計劃
	④「主動行為就是為工作做出的自願努力」	
	⑤「主動行為是在工作中缺乏目標的前提下主動制定工作目標和工作計劃」	
	⑥「主動行為就是實施自己的想法，即使可能遭遇到反對」	自願實施
	⑦「積極主動就是工作中凡事想到前面，做到前面」	

表4-7(續)

變量	訪談記錄	要素提取
傳統性	①「工作幾年後發現，工作中應該保持保守態度，否則幹得越多錯得越多」	自保中庸
	②「凡事還是要看領導的意思，否則做錯了都是自己的錯」	畏懼權威
	③「工作中還是要特別注意上下級關係」	
	④「男性是工作中的主力，總是比女性做得好」	男性優越
	⑤「出了問題大家都推卸責任，所以還是要避免太過主動」	
影響主動行為的因素	①「新領導上任以來，開了幾次部門例會後都在強調銷售工作中不必太拘泥於小節，團隊成員之間要相互配合、相互信任，不能相互拆臺。我覺得他這個人也很客觀，在例會上經常鼓勵大家發表自己的觀點，這讓大家對今年的業績看到了希望，信心倍增，大家也都會想方設法地提升工作效率或改善客戶服務，工作積極性和工作熱情很高」	領導 客觀 真實 信任
	②「我來自公司的人力資源部，工作大約7年了，現在是部門經理，我對於工作的態度是『凡事都應該想到前面，做到前面』，對工作來說要有自己的目標和想法。就拿招聘來說，這幾年我們公司發展很快，經常出現人員緊缺問題，我每個月都會定期和各部門協調人員緊缺的數量」	積極主動
	③「有時候同事關係不好，太過主動會遭到周圍同事的不理解，大家會覺得這是出風頭的表現」	同事支持
	④「主動做事或是主動承擔責任要不懼怕失敗，要有很強的自信，同時要堅持到底」	自信
	⑤「我在工作中有時太過悲觀，會縮手縮腳，不敢實施主動行為」	樂觀

（2）訪談結果

根據核心範疇選擇原則並結合對訪談記錄譯碼的整理分析，訪談結果顯示（見圖4-2）：首先，領導是影響主動行為的重要情景因素，特別是領導的誠實可靠、鼓舞下屬、如實評價下屬對下屬是否願意實施主動行為至關重要。因此，結合理論推導，誠信領導是下屬實施主動行為的關鍵。其次，同事關係及同事間的信賴也會影響下屬主動行為，訪談中發現，同事關係的緊張使大家有著「幹得越多，錯得越多」「少管閒事」的想法。甚至一些受訪者認為，同事支持感與領導的支持對主動行為同樣重要。因此，可以看出同事支持感也是個體在組織中實施主動行為的重要情景因素。再次，針對領導對主動行為的作用原理，訪談中得到的信息可以概括為：領導的透明決策與如實評價能提升下屬的信心與希望，促進其構建工作目標及實現目標，而領導的真實可靠與道德榜樣能夠使下屬對實施目標

持有樂觀預期，擁有應對困境的勇氣並敢於對目標實施堅持到底。最後，訪談中還發現，個人的傳統價值觀也會對主動行為產生影響，如一些員工認為，「工作中最好不要主動，最好的辦法是聽從領導的意思」；一些女性受訪者提到「男性在職場和社會上起主導作用，所以男性在工作中會更主動」。結合以上分析構建研究範疇和概念之間的聯繫，以使得我們對研究內容有更全面和深入的瞭解。

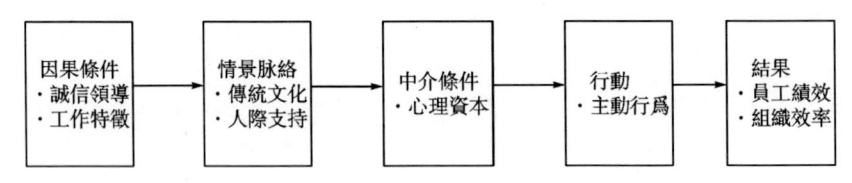

```
┌─────────┐    ┌─────────┐    ┌─────────┐    ┌─────────┐    ┌─────────┐
│因果條件  │───→│情景脈絡  │───→│中介條件  │───→│行動      │───→│結果      │
│・誠信領導│    │・傳統文化│    │・心理資本│    │・主動行為│    │・員工績效│
│・工作特徵│    │・人際支持│    │         │    │         │    │・組織效率│
└─────────┘    └─────────┘    └─────────┘    └─────────┘    └─────────┘
```

圖 4-1　主動行為影響因素的訪談結果脈絡模型

4.5　預調研

本研究通過小樣本預調研對問卷題項進行分析和淨化以確保後續大樣本調研中的信度和效度，保證研究的嚴謹性。

4.5.1　預調研樣本描述

預調研的測試數據的收集採用兩種方法：一是在重慶工商大學及西南大學 MBA 在職班的課堂發放，現場填寫並回收，發放 40 份，回收 28 份；二是請在私營企業工作的朋友或同學填寫，得到 109 份問卷。兩種方法一共獲取 137 份問卷。在獲取問卷後，對題項答案呈「Z」字型排序、空白過多、不確定性過多或所有題項都選擇一個答案的給予刪除，最終剔除無效問卷 35 份，得到有效問卷 102 份，有效率為 74.45%。

從性別、年齡、受教育程度、工作年限、職位以及所屬職能部門等方面對被試者進行描述，如表 4-8 所示。

表 4-8　　　　　預試樣本個人信息統計分布表（$N=108$）

變量	分類	頻率	百分比(%)	累計百分比(%)
性別	男性	49	45.4	45.4
	女性	59	54.6	100
學歷	高中/中專及以下	9	8.3	8.3
	大專	35	32.4	40.7
	本科	49	45.4	86.1
	碩士研究生及以上	15	13.9	100
年齡	20歲及以下	1	0.9	0.9
	21~25歲	24	22.2	23.1
	26~30歲	39	36.1	59.2
	31~35歲	30	27.8	87.0
	36~40歲	9	8.4	95.4
	41歲及以上	5	4.6	100
工作年限	1年及以內	10	9.3	9.3
	1~3年	33	30.6	39.8
	3~5年	24	22.2	62.0
	5~7年	19	17.6	79.6
	7年及以上	22	20.4	100
職位	普通員工	48	44.4	44.4
	基層管理者	22	20.4	64.8
	中層管理者	38	35.2	100
部門	生產	10	9.3	9.3
	人事	15	13.8	23.1
	財務	14	13.0	36.1
	研發	9	8.3	44.4
	行政	14	13.0	57.4
	營銷	22	20.4	77.8
	其他	24	22.2	100
組織性質	國有企業	29	26.9	26.9
	民營企業	42	38.8	65.7
	合資企業	4	3.7	69.4
	事業單位	14	13.0	82.4
	其他	19	17.6	100

表4-8(續)

變量	分類	頻率	百分比(%)	累計百分比(%)
收入水平	1,501~2,000元/月	6	5.6	5.6
	2,001~3,000元/月	26	24.0	29.6
	3,001~5,000元/月	37	34.3	63.9
	5,001元/月及以上	39	36.1	100

由表4-8可知，預測樣本中的男性有49位，占45.4%；女性有59位，占54.6%。被試者年齡集中在21~30歲，占58.3%，20歲及以下和41歲及以上最少。被試者的學歷中，高中/中專及以下占8.3%；大專學歷占32.4%；本科學歷最多，占45.4%；碩士研究生及以上學歷占13.9%。被試者的職位中，普通員工最多，為48名，占44.4%，基層管理者占20.4%，中層管理者占35.2%。而對於被試者所在的部門，來自生產、人事、財務、研發、行政、營銷等職能部門的員工分別占9.3%、13.8%、13%、8.3%、13%、20.4%。被試者來自的組織的性質中，國有企業員工占26.9%、民營企業占38.8%、合資企業占3.7%、事業單位占13%。對於被試者的收入水平而言，1,501~2,000元/月的占5.6%、2,001~3,000元/月的占24.0%、3,001~5,000元/月的占34.3%、5,001元/月及以上的占36.1%。

4.5.2 預調研分析方法

由於本研究中的量表主要來自於西方情景中採用的研究量表，在應用於中國情景的研究時可能出現偏差，因此，在正式研究前需要進行小樣本調查研究，主要通過對量表的信度分析及效度分析對量表內的條款和項目進行修正、篩選和淨化，為正式調查研究做準備。

（1）信度分析

信度（Reliability），又稱可靠性，美國心理學會（APA）將其界定為測量結果免受誤差影響的程度，可以認為是採用相同方法對相同變量進行重複測量所得結果一致的程度。對信度的評價方法主要採用內部一致性（Internal Consistency）方法，常用的有折半信度（Split-half Reliability）和 *Cronbach's α* 系數。*Cronbach's α* 系數主要用於測量李克特量表的信度，本研究採用CITC分析法及 *Cronbach's α* 系數進行評價。對於評價標準，一般 *Cronbach's α* 系數大於或等於0.7是可以接受的（Nunnally, 1978）；CITC（Corrected Item Total Correlation）值即修正條款的總相關係數，一般當CITC值小於0.5時，該題項屬於垃圾條款，可以刪除（Cronbach Alpha,

1951；吳明隆，2003），但也有學者認為 CITC 值等於 0.3 也符合研究的標準（盧紋岱，2002）。

（2）效度分析

構念效度是用來評價量表在多大程度上測量了想要測量的構念，特指構念的定義與測量之間的一致性程度。本研究重點對結構效度（Structure Validity）和內容效度（Content Validity）進行了檢驗。

①內容效度。內容效度主要是量表在內容上是否包含要測量的東西，Haynes 等（1995）認為遺漏測量指標或指標與構念內容無關都會對測驗分數產生影響。本研究選取成熟量表並通過對譯的方式對內容效度進行了有效保障。

②結構效度。結構效度主要是檢驗量表的內部結構。Bagozzi、Yi 和 Phillips（1991）認為結構效度代表了理論與量表之間的契合度，即測量的相關條款是否能夠形成一個整體而指向某一具體維度。結構效度包含區分效度和聚合效度，其中，區分效度代表了相同變量測量之間的差異化程度，而聚合效度代表著測量同一概念的不同條款之間的一致性[①]。對於結構效度的檢驗，可以通過探索性因子分析方式進行因子分析，並通過 KMO （Kaiser-Meyer-Olkin Measure of Sampling Adequacy）值和 Bartlett 球體檢驗進行判別。首先，Bartlett 球體檢驗統計值的顯著性概率需小於或等於顯著性且 KMO 值大於 0.7。其次，在通過最大方差法進行特徵值大於 1 的因子旋轉分析時，若出現以下三種情況則要刪除該測量條款：一個測量條款形成唯一因子、某測量條款因子載荷小於 0.5、測量條款所有因子都小於 0.5 及在多個因子上載荷都大於 0.5（Lederer & Sethi，1991）。篩選後，若剩餘因子載荷都在 0.5 以上，且累計解釋方差大約為 50%，則能夠體現量表良好的結構效度（楊志蓉，2006）。

4.5.3 預測試分析結果

（1）誠信領導量表信度與效度分析

根據前文提到的方法對誠信領導的信度進行分析，量表的 Cronbach's α 值及分析結果如表 4-9 所示。根據 CITC 的判別標準，誠信領導量表的 Cronbach's α 係數為 0.909，分量表的信度分別為 0.746、0.746、0.700 及 0.757，均達到可接受程度。在量表的條款中，根據 CITC 的判別標準，本研究選擇 0.4 作為淨化測量條款的下限，而在量表中 AL9 的 CITC 值與

[①] 艾爾·巴比. 社會研究方法 [M]. 邱澤奇，譯. 北京：華夏出版社，2009.

AL11 的 CITC 分別為 0.399 與 0.358，小於 0.4，刪除該題項後 α 系數均有所上升，因此考慮刪除 AL9 與 AL11 兩項條款。

表 4-9　　　　　　　　　誠信領導量表信度分析結果

量表維度	題項	CITC 值	刪除該條款後的 Cronbach's α 值	分量表 α 值	量表 α 值
關係透明	AL1	0.647	0.660	0.746	0.909
	AL2	0.532	0.693		
	AL3	0.493	0.707		
	AL4	0.408	0.736		
	AL5	0.504	0.708		
自我意識	AL6	0.536	0.690	0.746	
	AL7	0.629	0.639		
	AL8	0.619	0.645		
	AL9	0.399	0.770		
內化道德	AL10	0.475	0.643	0.700	
	AL11	0.358	0.710		
	AL12	0.506	0.622		
	AL13	0.612	0.555		
平衡處理	AL14	0.621	0.640	0.757	
	AL15	0.673	0.572		
	AL16	0.486	0.779		

如表 4-10 所示，本研究進一步通過對誠信領導測量量表進行探索性因子分析，以幫助確定誠信領導的因子結構及其結構效度。從表 4-10 可以得出，誠信領導的主成分分析中，KMO 值為 0.866，大於 0.7，且 Bartlett 球體檢驗的顯著性概率為 0.00，說明該樣本適合進行因子分析。對樣本數據進行主成分分析後，數據顯示所有測量條款聚合為 4 個因子，因子載荷中 AL11 與 AL9 項目的因子載荷小於 0.5，其餘因子載荷均大於 0.5，4 個因子累計解釋方差達 64.681%，說明量表的結構效度較好。

表 4-10　　　　　　　　誠信領導量表探索性因子分析結果

	自我意識	關係透明	內化道德	平衡處理
AL6	0.639			
AL7	0.743			
AL8	0.749			
AL9	0.349			
AL1		0.645		
AL2		0.788		
AL3		0.694		
AL4		0.476		
AL5		0.746		
AL10			0.802	
AL11			0.112	
AL12			0.585	
AL13			0.523	
AL14				0.553
AL15				0.530
AL16				0.752

抽取方法：主成分法
旋轉法：正交方差最大化旋轉
KMO 值：0.866
Bartlett 檢驗卡方：574.466
顯著性概率：0.00
解釋方差（%）：64.681

（2）主動行為量表信度與效度分析

主動行為量表的 *Cronbach's α* 值及分析結果如表 4-11 所示。主動行為量表的 *Cronbach's α* 系數為 0.803，分量表的信度分別為 0.783、0.723、0.700 和 0.656，均達到可接受程度。在量表的條款中，根據 *CITC* 的判別標準，本研究選擇 0.4 作為淨化測量條款的下限，而在量表中 PB10 的 *CITC* 值為 0.389，小於 0.4，刪除該題項後 α 系數均有所上升，因此考慮刪除 PB10 條款。

表 4-11　　　　　　　　主動行為量表信度分析結果

量表維度	題項	CITC 值	刪除該條款後的 Cronbach's α 值	分量表 α 值	量表 α 值
目標設定	PB1	0.693	0.653	0.783	0.803
	PB2	0.599	0.730		
	PB3	0.613	0.745		
計劃制訂	PB4	0.500	0.447	0.723	
	PB5	0.535	0.713		
	PB6	0.411	0.573		
行為實施	PB7	0.420	0.741	0.700	
	PB8	0.556	0.567		
	PB9	0.590	0.513		
結果反饋	PB10	0.389	0.663	0.656	
	PB11	0.542	0.472		
	PB12	0.484	0.538		

　　進而對主動行為量表進行探索性因子分析以確定主動行為的因子結構並評價其結構效度。從表 4-12 可以得出，主動行為的主成分分析中，*KMO* 值為 0.784，大於 0.7 的標準，*Bartlett* 球體檢驗的顯著性概率為 0.00，說明該樣本適合進行因子分析。通過主成分分析後，數據顯示測量條款顯著聚合為 4 個因子，因子載荷均大於 0.5，4 個因子累計解釋方差達 64.159%，說明量表的結構效度較好。

表 4-12　　　　　　　主動行為量表探索性因子分析結果

	目標設定	行為實施	計劃制訂	結果反饋
PB1	0.782			
PB2	0.805			
PB3	0.725			
PB4			0.791	
PB5			0.750	
PB6			0.586	
PB7		0.608		
PB8		0.821		
PB9		0.832		

表4-12(續)

	目標設定	行為實施	計劃制訂	結果反饋
PB10				0.672
PB11				0.824
PB12				0.751

抽取方法：主成分法
旋轉法：正交方差最大化旋轉
KMO 值：0.784
Bartlett 檢驗卡方：307.096
顯著性概率：0.00
解釋方差（%）：64.159

(3) 心理資本量表信度與效度分析

心理資本量表的 *Cronbach's α* 值及分析結果如表4-13所示。心理資本量表 *Cronbach's α* 系數為0.863，分量表的信度分別為0.633、0.691、0.721和0.677，均達到可接受程度。在量表的條款中，鑒於心理資本的題項達24個題項，而預測試樣本較少，根據 *CITC* 的判別標準，本研究選擇0.3作為淨化心理資本量表測量條款的下限，而在量表中PC14、PC19與PC20的 *CITC* 值小於0.4，而刪除該題項後α系數均有所上升，因此考慮刪除PC14與PC20兩項條款。

表4-13　　　　　**心理資本量表信度分析結果**

量表維度	題項	*CITC* 值	刪除該條款後的 *Cronbach's α* 值	分量表 α 值	量表 α 值
自信	PC1	0.391	0.581	0.633	0.863
	PC2	0.323	0.609		
	PC3	0.412	0.571		
	PC4	0.342	0.598		
	PC5	0.412	0.569		
	PC6	0.333	0.604		
希望	PC7	0.352	0.671	0.691	
	PC8	0.415	0.664		
	PC9	0.316	0.682		
	PC10	0.626	0.579		
	PC11	0.478	0.634		
	PC12	0.385	0.661		

表4-13(續)

量表維度	題項	CITC 值	刪除該條款後的 Cronbach's α 值	分量表 α 值	量表 α 值
韌性	PC13	0.536	0.655	0.721	0.863
	PC14	0.254	0.733		
	PC15	0.307	0.719		
	PC16	0.558	0.648		
	PC17	0.615	0.627		
	PC18	0.447	0.685		
樂觀	PC19	0.328	0.641	0.677	
	PC20	0.268	0.679		
	PC21	0.561	0.578		
	PC22	0.635	0.544		
	PC23	0.297	0.672		
	PC24	0.451	0.624		

　　進而對心理資本量表進行探索性因子分析。從表4-14可以得出，心理資本的主成分分析中，KMO值為0.758，大於0.7，Bartlett球體檢驗的顯著性概率為0.00，說明該樣本適合進行探索性因子分析。通過主成分分析後，數據顯示所有條款聚合為4個因子，4個因子累計解釋方差達54.916%，其中PC14、PC19及PC20的因子載荷分別為0.239、0.445及0.154，小於0.5，其他因子載荷均大於0.5，刪除PC14、PC19及PC20因子後，其餘因子載荷仍大於0.5，4個因子累計解釋方差仍大於50%，說明量表的結構效度符合要求。

表4-14　　　　　心理資本量表探索性因子分析結果

	樂觀	自信	韌性	希望
PC1		0.644		
PC2		0.530		
PC3		0.570		
PC4		0.554		
PC5		0.567		
PC6		0.534		
PC7				0.570

表4-14(續)

	樂觀	自信	韌性	希望
PC8				0.602
PC9				0.564
PC10				0.501
PC11				0.667
PC12				0.511
PC13			0.512	
PC14			0.239	
PC15			0.589	
PC16			0.562	
PC17			0.606	
PC18			0.503	
PC19	0.445			
PC20	0.154			
PC21	0.587			
PC22	0.689			
PC23	0.665			
PC24	0.636			

抽取方法：主成分法
旋轉法：正交方差最大化旋轉
KMO 值：0.758
Bartlett 檢驗卡方：649.354
顯著性概率：0.00
解釋方差（%）：54.916

(4) 傳統性量表信度與效度分析

傳統性量表 Cronbach's α 值及分析結果如表 4-15 所示，量表 Cronbach's α 系數為 0.732，CITC 值大於 0.4，均符合判別標準。結構效度分析結果如表 4-16 所示，*KMO* 值為 0.765，大於 0.7 的標準，*Bartlett* 球體檢驗的顯著性概率為 0.00，說明該樣本適合進行因子分析。通過主成分分析後，數據顯示傳統性量表內條款聚合為 1 個因子，因子載荷均大於

0.5，4個因子累計解釋方差達 71.535%。

表 4-15　　　　　　　傳統性量表信度分析結果

量表維度	題項	CITC 值	刪除該條款後的 Cronbach's α 值	量表 α 值
傳統性	TRA1	0.509	0.610	0.732
	TRA2	0.613	0.635	
	TRA3	0.543	0.745	
	TRA4	0.484	0.483	
	TRA5	0.625	0.712	

表 4-16　　　　　　傳統性量表探索性因子分析結果

	傳統性
TRA1	0.727
TRA2	0.771
TRA3	0.712
TRA4	0.741
TRA5	0.731

抽取方法：主成分法
旋轉法：正交方差最大化旋轉
KMO 值：0.765
Bartlett 檢驗卡方：307.096
顯著性概率：0.00
解釋方差（%）：71.535

（5）同事支持感量表信度與效度分析

同事支持感量表 *Cronbach's* α 值及分析結果如表 4-17 所示。同事支持感量表 *Cronbach's* α 係數為 0.718，各題項 *CITC* 值均大於 0.4，均符合判別標準。同事支持感量表的探索性因子分析結果如表 4-18 所示，*KMO* 值為 0.715，大於 0.7 的標準，*Bartlett* 球體檢驗的顯著性概率為 0.00，說明該樣本可以用於因子分析。通過主成分分析法任意抽取一個因子，因子載荷都在 0.5 以上，累計解釋方差為 60.833%，說明了同事支持感的單一維度。

表 4-17　　　　　　　同事支持感量表信度分析結果

量表維度	題項	*CITC* 值	刪除該條款後的 *Cronbach's α* 值	量表 α 值
同事支持感	CS1	0.425	0.702	0.718
	CS2	0.533	0.647	
	CS3	0.534	0.643	
	CS4	0.555	0.629	

表 4-18　　　　　　同事支持感量表探索性因子分析結果

	同事支持感
CS1	0.727
CS2	0.771
CS3	0.712
CS4	0.741

抽取方法：主成分法
旋轉法：正交方差最大化旋轉
KMO 值：0.715
Bartlett 檢驗卡方：90.502
顯著性概率：0.00
解釋方差（％）：60.833

4.5.4　初始量表修正與調整

在預測試結果及專家建議的基礎上，完善初始問卷。

（1）刪除部分題項

根據以上對量表的信度分析和因子分析，首先，對於誠信領導的測量量表，AL9 的 *CITC* 值與 AL11 的 *CITC* 值分別為 0.399 與 0.358，小於 0.4，刪除該題項後 α 系數均有所上升，且在因子分析中，AL9 與 AL11 的因子載荷分別為 0.349 和 0.112。其次，對於主動行為量表，PB10 的 *CITC* 值為 0.389，小於 0.4，刪除該題項後 α 系數有所上升，因此考慮刪除 PB10 條款。最後，對於心理資本量表，PC14、PC19 和 PC20 的 *CITC* 值均小於 0.4，而刪除該題項後 α 系數均有所上升，因此考慮刪除 PC14 與 PC20 兩項條款。而 PC14、PC19 及 PC20 的因子載荷分別為 0.239、0.445 及 0.154，小於 0.5，其他因子載荷均大於 0.5，考慮刪除 PC14、PC19 及 PC20 因子。

（2）修改部分題項

　　針對部分小樣本問卷對專家及企業人力資源管理人員進行訪談，對部分容易產生歧義及難以理解的題項進行修改。如將誠信領導中的題項 AL2 修改為：他/她觀點清晰，不含混其辭；將 PC23 題項修改為：在我目前的工作中，事情很少像我希望的那樣發展；將 CS4 題項修改為：在工作團隊中，成員間能夠相互信賴。

4.6　本章小結

　　本章重點設計並完善了相關變量的測量問卷，是實證研究的設計環節。本章內容主要包括：一是闡明問卷設計的原則和過程，提出對社會讚許性偏差及共同方法偏差問題的預防和處理方案；二是對相關核心變量測量問卷進行介紹；三是基於小樣本數據對測量問卷的信度、效度進行檢驗，刪除及修改問卷內部分題項，為後續的大樣本實證檢驗做好鋪墊。

5 問卷調查分析與結果

本章重點通過大樣本的調研分析，對模型提出的相關研究假設進行檢驗。主要採用 OFFICE EXCEL、AMOS17.0 及 SPSS19.0 等相關統計軟件，重點進行描述性統計分析、T 檢驗、方差分析、相關性分析、結構方程分析及迴歸分析。

5.1 數據收集與分析方法

由於本研究中的數據無法在公開數據中直接獲取，只能通過問卷調查的方法獲取，且本研究中的相關核心變量均無法直接觀測。因此，本研究通過對成熟量表的借鑑並進行了預調研及專家訪談以保證問卷的信度和效度。

本研究探討的是組織情景下誠信領導對下屬主動行為的影響機理。對研究樣本做了以下界定：

一是確定研究對象。由於下屬能夠有效感知領導的風格，因此，本研究是根據下屬對直接上司的感知以及對其主動行為的感知來探究誠信領導對下屬主動行為的影響。需要注意的是，直接上司均是組織內任命的正式管理者。領導與下屬的關係主要基於管理學中的統一管理原則確定的，一個員工只由一個主管直接負責，以保持職權鏈條的連續性。本研究的領導主要來自基層和中層，高層管理者不在研究對象選取範圍之內。

二是確定研究對象的區域。本研究將成都、重慶、長春、杭州、廣州、鄭州、北京等區域作為獲取數據的重點區域。較大的區域跨度可以消除地域差異對結果的影響以提高內部效度。

三是針對調查方法，本研究在預調研分析結果以及專家訪談的基礎上

對調查問卷的項目進行修改，最終形成正式調查問卷並進行大規模的問卷調查。問卷調查主要採用兩種形式：第一，委託企業高層主管及人力資源部主管在其所在企業發放紙質問卷，填好後回收到人力資源部，再由人力資源部主管轉交給研究者。為防止可能出現的社會讚許性偏差，紙質問卷填寫好後都會被放入信封內封好。第二，對於其他區域的企業調研，採用QQ、Email等即時通信工具發放網路問卷或電子問卷，針對這種方式回收率較低的缺陷，本研究在與委託人溝通時提出定期提交的要求，以保證問卷的回收率。

四是樣本的容量。結構方程模型（SEM）以及迴歸分析均需要較大的樣本，但在現有的研究中，對於具體的樣本規模，學者的意見仍未統一。對於結構方程模型的樣本容量，Anderson 和 Gerbing（1988）認為100至150個是樣本容量的底線，有些研究者認為結構方程模型的樣本數至少要大於50個（Bagozzi & Yi, 1988），Hair 等（1995）則認為樣本數至少要大於100個。目前比較認可的是樣本量是測量題項數的5倍至10倍。

五是問卷的篩選。為保證研究結果的嚴謹與準確，本研究在問卷篩選中遵循4點原則：①企業所有者填寫的問卷直接刪除；②問卷呈規律性的回答也直接刪除，如所有題項均選同一選項或答案呈S形排列；③回收問卷答案存在雷同也直接刪除；④問卷中的多處數據缺失也予以刪除。

5.2 樣本描述

通過對吉林、遼寧、北京、浙江、新疆、四川、重慶、雲南、河南、天津、湖南等省（市）分屬的63家企業/分公司/項目部進行問卷調研，共發放問卷650份，回收問卷605份（紙質問卷455份，電子問卷150份），依據上述問卷篩選原則篩選到470份有效問卷，有效回收率為77.7%。本研究運用SPSS19.0統計軟件對樣本的性別、年齡、受教育程度、職位、收入水平等個體特徵進行描述性統計分析，具體如表5-1所示。

表 5-1　　　　正式調研大樣本個體信息統計分布表（$N=470$）

變量	分類	頻率	百分比(%)	累計百分比(%)
性別	男性	233	49.6	49.6
	女性	237	50.4	100
學歷	高中/中專及以下	43	9.1	9.1
	大專	131	27.9	37.0
	本科	251	53.4	90.4
	碩士研究生及以上	45	9.6	100
年齡	20 歲及以下	10	2.1	2.1
	21~25 歲	163	34.7	36.8
	26~30 歲	164	34.9	71.7
	31~35 歲	70	14.9	86.6
	36~40 歲	36	7.7	94.3
	41 歲及以上	27	5.7	100
工作年限	1 年及以內	93	19.8	19.8
	1~3 年	156	33.2	53.0
	3~5 年	104	22.1	75.1
	5~7 年	49	10.4	85.5
	7 年及以上	68	14.5	100
職位	普通員工	317	67.4	67.4
	基層管理者	115	24.5	91.9
	中層管理者	38	8.1	100
部門	生產	134	28.5	28.5
	人事	53	11.3	39.8
	財務	60	12.8	52.6
	研發	28	5.9	58.5
	行政	65	13.8	72.3
	營銷	74	15.7	88.1
	其他	56	11.9	100
組織性質	國有企業	96	20.4	20.4
	民營企業	225	47.9	68.3
	合資企業	74	15.7	84.0
	事業單位	56	12.0	96.0
	其他	19	4.0	100

表5-1(續)

變量	分類	頻率	百分比(%)	累計百分比(%)
收入水平	1,501~2,000元/月	5	1.1	1.1
	2,001~3,000元/月	41	8.7	9.8
	3,001~5,000元/月	162	34.5	44.3
	5,001元/月及以上	170	55.7	100

　　由表5-1可知，預測試樣本中的男性有233位，占49.6%，女性有237位，占50.4%。被試者年齡集中在21~30歲，占69.6%，31~40歲的有106位，20歲及以下最少。在被試者的學歷中，高中/中專及以下占9.1%，大專學歷占27.9%，本科學歷所占比重最大，為53.4%，碩士研究生及以上學歷占9.6%。被試者的職位中，普通員工最多，有317名，占67.4%，基層管理者占24.5%，中層管理者占8.1%。而對於被試者所在的部門，來自生產、人事、財務、研發、行政、營銷等職能部門的員工分別占28.5%、11.3%、12.8%、5.9%、13.8%、15.7%。被試者來自的企業的組織性質中，國有企業占20.4%、民營企業占47.9%、合資企業占15.7%、事業單位占12.0%。對於被試者的收入水平，1,501~2,000元/月的占1.1%、2,001~3,000元/月的占8.7%、3,001~5,000元/月的比例最高，占34.5%、5,001元/月及以上的占55.7%。

5.3　數據質量評估

5.3.1　峰度檢驗

　　由於本研究將採用結構方程模型（SEM）對數據進行關於結構模型（Structural Model）與測量模型（Measured Model）的檢驗，而在結構方程模型中常用的參數估計方式為極大似然估計（Maximum Likelihood），極大似然法要求樣本中的變量需符合正態性分布。依據Kline（1998）的研究觀點，當峰度絕對值小於10、偏度絕對值小於3時，樣本變量的正態性分布將不會對正態性分布造成影響（Kline, 1998；侯杰泰、溫忠麟、成子娟，2004）。從表5-2中關於樣本變量的描述性統計分析結果來看，測量量表中各條款的偏度與峰度均小於臨界值的標準，因此認為樣本數據整體呈正態分布趨勢，對檢驗效度不構成影響，可以通過結構方程模型對數據

進行分析。

表 5-2　　　　　　　　　相關變量峰度及偏度檢驗結果

變量	N	極小值	極大值	均值	標準差	偏度		峰度	
	統計量	統計量	統計量	統計量	統計量	統計量	標準誤	統計量	標準誤
誠信領導 1	470	1	5	3.79	0.805	-0.814	0.113	0.790	0.225
誠信領導 2	470	1	5	3.80	0.863	-0.762	0.113	0.364	0.225
誠信領導 3	470	1	5	3.59	0.856	-0.365	0.113	-0.013	0.225
誠信領導 4	470	1	5	3.65	0.827	-0.273	0.113	-0.195	0.225
誠信領導 5	470	1	5	3.89	0.812	-0.590	0.113	0.200	0.225
誠信領導 6	470	1	5	3.53	0.850	-0.152	0.113	-0.094	0.225
誠信領導 7	470	1	5	3.44	0.828	-0.040	0.113	-0.126	0.225
誠信領導 8	470	1	5	3.74	0.832	-0.526	0.113	0.390	0.225
誠信領導 9	470	1	5	2.83	0.820	-0.116	0.113	0.082	0.225
誠信領導 10	470	1	5	3.73	0.791	-0.422	0.113	0.151	0.225
誠信領導 11	470	1	5	3.79	0.667	-0.541	0.113	0.891	0.225
誠信領導 12	470	1	5	3.73	0.940	-0.272	0.113	-0.680	0.225
誠信領導 13	470	1	5	3.70	0.936	-0.357	0.113	-0.441	0.225
誠信領導 14	470	1	5	3.79	0.870	-0.375	0.113	-0.208	0.225
主動行為 1	470	2	5	3.97	0.668	-0.740	0.113	1.443	0.225
主動行為 2	470	1	5	3.96	0.684	-0.590	0.113	1.122	0.225
主動行為 3	470	1	5	3.80	0.704	-0.842	0.113	1.643	0.225
主動行為 4	470	1	5	3.68	0.792	-0.505	0.113	0.187	0.225
主動行為 5	470	1	5	3.73	0.785	-0.495	0.113	0.271	0.225
主動行為 6	470	1	5	3.53	0.771	-0.380	0.113	-0.165	0.225
主動行為 7	470	1	5	3.73	0.767	-0.458	0.113	0.320	0.225
主動行為 8	470	1	5	3.92	0.688	-0.524	0.113	0.897	0.225
主動行為 9	470	1	5	3.91	0.733	-0.673	0.113	1.069	0.225
主動行為 10	470	2	5	3.90	0.716	-0.341	0.113	0.067	0.225
主動行為 11	470	2	5	3.82	0.727	-0.345	0.113	0.057	0.225
心理資本 1	470	1	5	3.56	0.736	-0.683	0.113	0.817	0.225
心理資本 2	470	1	5	3.56	0.786	-0.634	0.113	0.580	0.225
心理資本 3	470	1	5	3.38	0.795	-0.402	0.113	0.168	0.225
心理資本 4	470	1	5	3.70	0.749	-0.849	0.113	1.130	0.225
心理資本 5	470	1	5	3.65	0.681	-0.581	0.113	1.185	0.225

表5-2(續)

變量	N	極小值	極大值	均值	標準差	偏度		峰度	
	統計量	統計量	統計量	統計量	統計量	統計量	標準誤	統計量	標準誤
心理資本6	470	1	5	3.77	0.733	-0.686	0.113	1.250	0.225
心理資本7	470	1	5	3.62	0.743	-0.610	0.113	0.910	0.225
心理資本8	470	1	5	3.65	0.853	-0.661	0.113	0.448	0.225
心理資本9	470	1	5	3.57	0.736	-0.284	0.113	0.260	0.225
心理資本10	470	1	5	3.14	0.899	-0.201	0.113	-0.329	0.225
心理資本11	470	1	5	3.54	0.812	-0.574	0.113	0.444	0.225
心理資本12	470	1	5	3.64	0.819	-0.680	0.113	0.699	0.225
心理資本13	470	1	5	3.68	0.707	-0.404	0.113	0.318	0.225
心理資本14	470	1	5	3.57	0.669	-0.230	0.113	0.730	0.225
心理資本15	470	1	5	3.45	0.779	-0.252	0.113	-0.042	0.225
心理資本16	470	1	5	3.63	0.764	-0.494	0.113	0.382	0.225
心理資本17	470	1	5	3.54	0.785	-0.492	0.113	0.357	0.225
心理資本18	470	1	5	3.58	0.809	-0.468	0.113	0.161	0.225
心理資本19	470	1	5	3.67	0.813	-0.684	0.113	0.451	0.225
心理資本20	470	1	5	3.56	0.919	-0.639	0.113	0.279	0.225
心理資本21	470	1	5	3.68	0.759	-0.657	0.113	0.502	0.225
同事支持感1	470	1	5	3.73	0.838	-0.756	0.113	0.694	0.225
同事支持感2	470	1	5	3.55	0.849	-0.583	0.113	0.516	0.225
同事支持感3	470	1	5	3.64	0.819	-0.602	0.113	0.292	0.225
同事支持感4	470	1	5	3.68	0.833	-0.770	0.113	0.865	0.225
傳統性1	470	1	5	2.90	0.923	0.127	0.113	-0.517	0.225
傳統性2	470	1	5	2.57	0.894	0.494	0.113	0.123	0.225
傳統性3	470	1	5	3.01	1.006	-0.005	0.113	-0.807	0.225
傳統性4	470	1	5	2.71	0.936	0.407	0.113	-0.185	0.225
傳統性5	470	1	5	2.93	0.941	0.255	0.113	-0.436	0.225

5.3.2 共同方法偏差檢驗

在實際研究中，由於樣本中變量由同一被測試者提供，可能存在共同方法偏差（Common Method Biases，CMB）。共同方法偏差將對研究成果產生誤導性的結論。因此，有必要對數據的共同方法偏差進行檢驗和控制。共同方法偏差造成的系統偏誤在心理學及行為學的研究中廣泛存在，這主

要是由被試者的社會讚許性動機、一致性動機以及部分評分者默認的反應風格而造成。本研究採用如下兩種方法來控制共同方法偏差：一是在被測試者進行測試的過程中，對不同的測試者在時間、空間、心理及方法上進行分離，對可能出現的同源問題進行事前控製；二是通過匿名作答，平衡題項的順序效應，減少被試者對測量題項的猜度。當然，在本研究中，由於採用自陳式量表進行測量，受限於實際條件，不可能完全控制以上程序，因此，還是可能存在共同方法偏差問題。為防止共同方法偏差造成的系統性偏誤，本研究採用 Harman 單因素檢驗法檢驗同源效應（Livingstone，Nelson，Barr，1997）。該方法提出，如果存在共同方法偏差問題，一個主要公因子可以解釋所有變項間的大多數方差，或者一個公因子能夠解釋大部分變量變異（超過了建議值的50%）（Schriesheim, 1979）。

如表5-3所示，在本研究中，將測量問卷中的 55 個題項（誠信領導14個、主動行為11個、心理資本21個、傳統性5個、同事支持感4個）一起進行因子分析，運用主成分分析法提取特徵值大於1的因子。從表5-3的分析結果來看，提取到未經過旋轉的特徵值大於1的因子共12個，共解釋66.705%的變異量。其中，第一主成分解釋了27.498%的變異量，最大公因子的特徵值是15.124，符合相關標準，說明並不存在嚴重的共同方法偏差。

表5-3　　全部測量條款探索性因子分析

成分	特徵值	解釋方差百分比(%)	累計解釋方差百分比(%)
1	15.124	27.498	27.498
2	3.761	6.838	34.336
3	3.495	6.355	40.691
4	3.080	5.599	46.290
5	1.849	3.362	49.652
6	1.647	2.995	52.647
7	1.588	2.887	55.534
8	1.430	2.601	58.135
9	1.277	2.322	60.457
10	1.239	2.254	62.711
11	1.136	2.065	64.776
12	1.061	1.930	66.705

註：特徵值小於1的部分省略；提取方法為主成分分析法.

5.3.3 缺失值的處理

缺失值也會對數據分析造成影響，常用的缺失值處理方法有三種。一是數據替代法，即以經驗、猜測等分析適合程序的數值並代替缺失值。二是剔除有缺失值的觀測單元。在 SPSS 數據庫中，若樣本中的變量存在缺失值，則刪除整筆數據，但這種方法必將犧牲樣本量而造成資源的浪費。三是配對刪除法（Pair Wise Deletion）。即在分析個別樣本矩時，若某個觀察變量因缺失數值而無法計算，則將此筆數據排除。本研究選取數據替代法，在 AMOS 軟件中採用迴歸取代的方法由軟件自動取代缺失值。

5.3.4 測量量表信度分析

本研究採用 Cronbach's α 值來評價大樣本測量量表的內部一致性信度。如表 5-4 所示，各變量測量量表的 Cronbach's α 值處於 0.835~0.893 之間，符合 Hinkin（1998）提到的 Cronbach's α 值應該大於 0.7 的科學研究標準，說明測量量表具備一定的穩定性和一致性。

表 5-4　　　　　測量量表內部一致性分析結果匯總

測量量表變量	題項數目	Cronbach's α 值
誠信領導	14	0.893
主動行為	11	0.835
心理資本	21	0.880
傳統性	5	0.878
同事支持感	4	0.842

5.3.5 測量量表效度分析

根據本研究的特點和需要，本研究重點考察測量量表的內容效度及構念效度。

（1）聚合效度與區分效度介紹

聚合效度（Convergent Validity）是指測驗題項得到的測量值是否存在一定的相關性，用以表明具有相同特質的題項是否會聚合在一個因素上，即採用不同的方法測量相同內容應具有較高的相關度。一般地，量表的聚合效度可以採用驗證性因子分析法（CFA）進行檢驗。具體來說，當潛變量的 CR（Composite Reliability）值大於 0.6，則說明模型的內在質量符合

要求。潛變量的萃取平均方差 AVE（Average Variance Extracted）能夠闡釋變量變異值的比值，AVE 值越大，越能夠有效反應其共同因素構念的潛在特質。一般情況下，AVE 以 0.5 作為判定標準，若 AVE 小於 0.5，表示潛變量的聚合效度不好；而當 AVE 大於或等於 0.5 時，則表示潛變量聚合效度較好。

區分效度是指使用相同方法測量不同內容應具有較低相關度，代表了潛在特質與其他構面所代表的潛在特質存在顯著差異或者相關度較低。對區分效度的檢驗可以通過對各潛變量的 AVE 值的平方根和各構念之間的相關係數進行比較，如果 AVE 值的平方根大於各構念的相關係數值，則認為各構念之間的區分效度較好（Fornell & Larcker, 1981）。

（2）模型整體適配性指標介紹

本研究中潛變量無法直接進行觀測。通過驗證性因子分析進行效度分析的過程中，結構方程分析能夠提供數據擬合程度的數據指標，進而對模型的擬合情況進行評價，模型擬合參數主要選擇 X^2/df、GFI、AGFI、NFI、CFI、RMSEA 等指標進行評估。具體的參考標準及理想值標準如表 5-5 所示。

表 5-5　　模型適配性指標取值參考標準及理想取值

擬合指標	參考標準	理想標準
X^2/df	大於 0	小於 5，小於 3 更佳
GFI	0~1 之間	大於 0.9 或 0.85
AGFI	0~1 之間	大於 0.9 或 0.85
NFI	0~1 之間	大於 0.9 或 0.85
CFI	0~1 之間	大於 0.9 或 0.85
RMSEA	0~1 之間	小於 0.1，小於 0.05 更佳

（3）內容效度分析

由於內容效度無法通過統計軟件進行檢驗分析，而是需要靠研究者對題項的語義及語境的主觀判斷進行保證，所以在實際研究之中，需要結合相關文獻、被試者訪談及專家訪談來分析測量條目的語義是否清晰，是否具有代表性。在本研究中，誠信領導測量量表、主動行為測量量表、心理資本測量量表、傳統性測量量表及同事支持感測量量表均是在明確界定相關操作性定義的基礎上，借鑑或直接引用成熟的測量量表編制而成。此外，本研究還採用了小樣本調研的方式對編制的初始問卷的條目進行修

訂，對誠信領導測量量表及主動行為測量量表還有針對性地進行深入訪談並向組織行為研究方面的專家徵求建議，修正一些容易讓被試者產生曲解的題項，確保與員工的工作情景相符合，進而在文獻探索、小樣本調研分析以及深入訪談的基礎上保證測量量表較高的內容效度。

（4）各變量聚合效度與區分效度分析

①誠信領導聚合效度與區分效度分析。誠信領導測量量表的驗證因子分析結果如表 5-6 所示，各項擬合評價指標均符合相關標準。其中，據對擬合指標 χ^2/df = 1.871，小於 2；GFI、$AGFI$、NFI、CFI 均大於 0.9；$RMSEA$ = 0.058，小於 0.1；各題項因子載荷均大於或接近 0.7。關係透明、自我意識、內化道德及平衡處理 4 個維度的萃取平均方差（AVE）分別為 0.52、0.51、0.79 及 0.53，超過 0.5 的臨界值，R^2 均接近或大於 0.5，說明量表整體的聚合效度較好。而從誠信領導驗證性因子分析的模型對比結果來看，如表 5-7 和圖 5-1 所示，四維度誠信領導模型明顯優於一維度、二維度及三維度誠信領導模型，也說明四維度誠信領導模型聚合效度較好。

表 5-6　　　　　　　　誠信領導驗證性因子分析結果

			因子載荷	標準化因子載荷	R^2	C. R. 值	AVE 值
AL1	←	關係透明	0.716	0.512	11.467	
AL2	←	關係透明	0.790	0.625	10.493	
AL3	←	關係透明	0.715	0.512	9.514	0.52
AL4	←	關係透明	0.692	0.478	10.195	
AL5	←	關係透明	0.694	0.481	—	
AL6	←	自我意識	0.698	0.488	9.474	
AL7	←	自我意識	0.724	0.525	9.506	0.51
AL8	←	自我意識	0.728	0.530	—	
AL9	←	內化道德	0.876	0.768	20.396	
AL10	←	內化道德	0.916	0.840	18.898	0.79
AL11	←	內化道德	0.871	0.759	—	
AL12	←	平衡處理	0.709	0.503	9.514	
AL13	←	平衡處理	0.756	0.571	9.257	0.53
AL14	←	平衡處理	0.712	0.507	11.467	

模型擬合值：χ^2/df = 1.871，GFI = 0.935，$AGFI$ = 0.903，NFI = 0.927，CFI = 0.964，IFI = 0.965，$RMSEA$ = 0.058

表 5-7　　　　　誠信領導驗證性因子分析模型比較結果

模型	X^2/df	RMSEA	GFI	AGFI	NFI	CFI	IFI
一維度模型	8.024	0.165	0.693	0.581	0.662	0.689	0.691
二維度模型	5.279	0.129	0.794	0.715	0.781	0.813	0.814
三維度模型	3.169	0.092	0.873	0.819	0.872	0.908	0.909
四維度模型	1.871	0.058	0.935	0.903	0.927	0.964	0.965

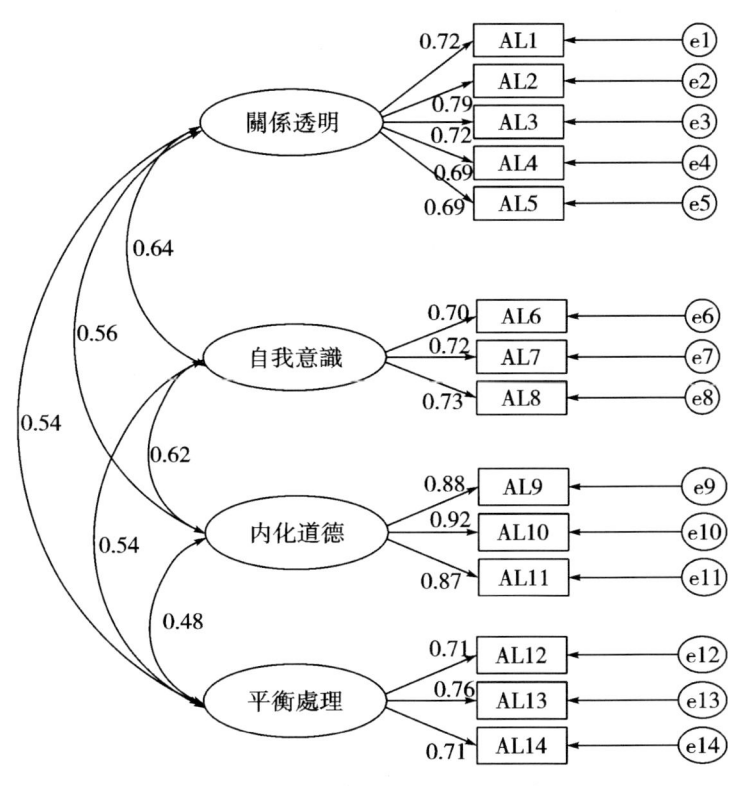

圖 5-1　誠信領導驗證性因子分析模型

　　誠信領導區分效度檢驗結果如表 5-8 所示，4 個不同維度的 AVE 值的平方根均位於表的對角線內，表內其他數值為各維度間的相關係數。根據 Fornell 和 Larcker（1981）提出的區分效度檢驗指標及表中的各數值可以得出，誠信領導各維度的 AVE 值的平方根均大於其所在行或列上的相關係數，說明誠信領導各維度區分效果理想。

表 5-8　　　　　　　誠信領導各維度區分效度檢驗分析

	關係透明	自我意識	內化道德	平衡處理
關係透明	(0.721)			
自我意識	0.64	(0.716)		
內化道德	0.56	0.62	(0.887)	
平衡處理	0.54	0.54	0.48	(0.724)

②主動行為聚合效度與區分效度分析。主動行為的驗證性因子分析結果如表 5-9 所示，分析結果中的擬合指標均在擬合標準以內，說明擬合情況較好，測量模型有效。其中，據對擬合指標 X^2/df = 1.419，小於 2；GFI、AGFI、NFI、CFI 及 IFI 均大於 0.9；RMSEA = 0.040，小於 0.05；各題項因子載荷均大於或接近 0.7。目標設定、計劃制訂、行為實施及結果反饋 4 個維度的萃取平均方差（AVE）分別為 0.52、0.54、0.59 及 0.64，均超過 0.5 的臨界值，R^2 均接近或大於 0.5，說明量表整體的聚合效度較好。而從主動行為驗證性因子分析的模型對比結果來看（見表 5-10 和圖 5-2），四維度主動行為模型明顯優於一維度、二維度及三維度主動行為模型，也說明四維度主動行為模型聚合效度較好。

表 5-9　　　　　　　主動行為驗證性因子分析結果

			因子載荷	標準化因子載荷	R^2	C. R. 值	AVE 值
PB1	←	目標設定		0.701	0.568	—	
PB2	←	目標設定		0.722	0.521	9.963	0.52
PB3	←	目標設定		0.716	0.513	9.908	
PB4	←	計劃制訂		0.809	0.654	—	
PB5	←	計劃制訂		0.715	0.511	9.953	0.54
PB6	←	計劃制訂		0.680	0.463	9.631	
PB7	←	行為實施		0.678	0.460	—	
PB8	←	行為實施		0.892	0.795	10.656	0.59
PB9	←	行為實施		0.706	0.498	9.832	
PB10	←	結果反饋		0.886	0.786	—	0.64
PB11	←	結果反饋		0.701	0.491	7.181	

模型擬合值：X^2/df = 1.419，GFI = 0.964，AGFI = 0.937，NFI = 0.948，CFI = 0.984，IFI = 0.984，RMSEA = 0.040

表 5-10　　　　主動行為驗證性因子分析模型比較結果

模型	χ^2/df	RMSEA	GFI	AGFI	NFI	CFI	IFI
一維度模型	8.667	0.172	0.768	0.653	0.635	0.659	0.663
二維度模型	6.201	0.142	0.825	0.732	0.745	0.774	0.777
三維度模型	3.913	0.106	0.898	0.836	0.847	0.879	0.881
四維度模型	1.419	0.040	0.964	0.937	0.948	0.984	0.984

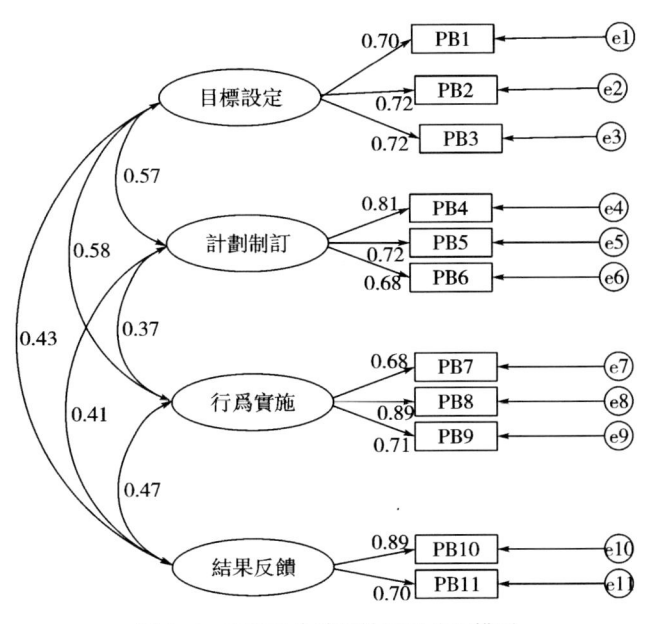

圖 5-2　主動行為驗證性因子分析模型

主動行為區分效度檢驗結果如表 5-11 所示。表中數值為 AVE 值的平方根及各維度之間的相關係數，根據 Fornell 和 Larcker（1981）提出的區分效度的檢驗指標及表中各數值的對比分析可以得出，主動行為各維度的 AVE 值的平方根均大於其所在行或列上的相關係數，說明主動行為各維度區分效果理想。

表 5-11　　　　主動行為各維度區分效度檢驗分析

	目標設定	計劃制訂	行為實施	結果反饋
目標設定	(0.721)			
計劃制訂	0.57	(0.735)		
行為實施	0.58	0.37	(0.768)	
結果反饋	0.43	0.41	0.47	(0.800)

③心理資本聚合效度與區分效度分析。心理資本的驗證性因子分析結果如表 5-12 所示。驗證性因子分析結果中的擬合評價指標均符合標準，其中，據對擬合指標 $\chi^2/df = 2.033$，小於 3；GFI、AGFI、NFI、CFI 及 IFI 均大於 0.85；RMSEA = 0.063，數值在 0~1 的取值範圍之內；各題項因子載荷均大於或接近 0.7，說明測量模型有效。自信、希望、韌性及樂觀 4 個維度的萃取平均方差（AVE）分別為 0.514、0.519、0.557 及 0.601，均超過 0.5 的臨界值，R^2 均接近或大於 0.5，說明量表整體的聚合效度較好。而從心理資本驗證性因子分析的模型對比來看（見表 5-13 和圖 5-3），四維度心理資本模型明顯優於一維度、二維度及三維度心理資本模型，說明四維度心理資本模型聚合效度較好。

表 5-12　　　　　　　　心理資本驗證性因子分析結果

因子載荷			標準化因子載荷	R^2	C. R. 值	AVE 值
PC1	←	自信	0.713	0.509	—	
PC2	←	自信	0.688	0.473	10.209	
PC3	←	自信	0.703	0.494	10.418	0.514
PC4	←	自信	0.708	0.501	10.485	
PC5	←	自信	0.798	0.637	11.706	
PC6	←	自信	0.687	0.471	10.188	
PC7	←	希望	0.699	0.489	—	
PC8	←	希望	0.700	0.490	10.242	
PC9	←	希望	0.822	0.676	11.796	0.519
PC10	←	希望	0.693	0.480	10.140	
PC11	←	希望	0.708	0.501	10.345	
PC12	←	希望	0.692	0.478	10.126	
PC13	←	韌性	0.768	0.590	—	
PC14	←	韌性	0.858	0.737	13.831	
PC15	←	韌性	0.701	0.491	11.208	0.557
PC16	←	韌性	0.686	0.470	10.940	
PC17	←	韌性	0.696	0.484	11.121	
PC18	←	樂觀	0.692	0.479	—	
PC19	←	樂觀	0.761	0.579	10.825	0.601
PC20	←	樂觀	0.840	0.706	11.667	
PC21	←	樂觀	0.801	0.641	11.280	

模型擬合值：$\chi^2/df = 2.033$, GFI = 0.886, AGFI = 0.856, NFI = 0.867, CFI = 0.927, IFI = 0.928, RMSEA = 0.063

表 5-13　　　　　　心理資本驗證性因子分析模型比較結果

模型	χ^2/df	RMSEA	GFI	AGFI	NFI	CFI	IFI
一維度模型	8.050	0.165	0.581	0.494	0.452	0.482	0.485
二維度模型	6.580	0.147	0.618	0.533	0.557	0.594	0.597
三維度模型	4.728	0.120	0.701	0.630	0.685	0.732	0.734
四維度模型	2.033	0.063	0.886	0.856	0.867	0.927	0.928

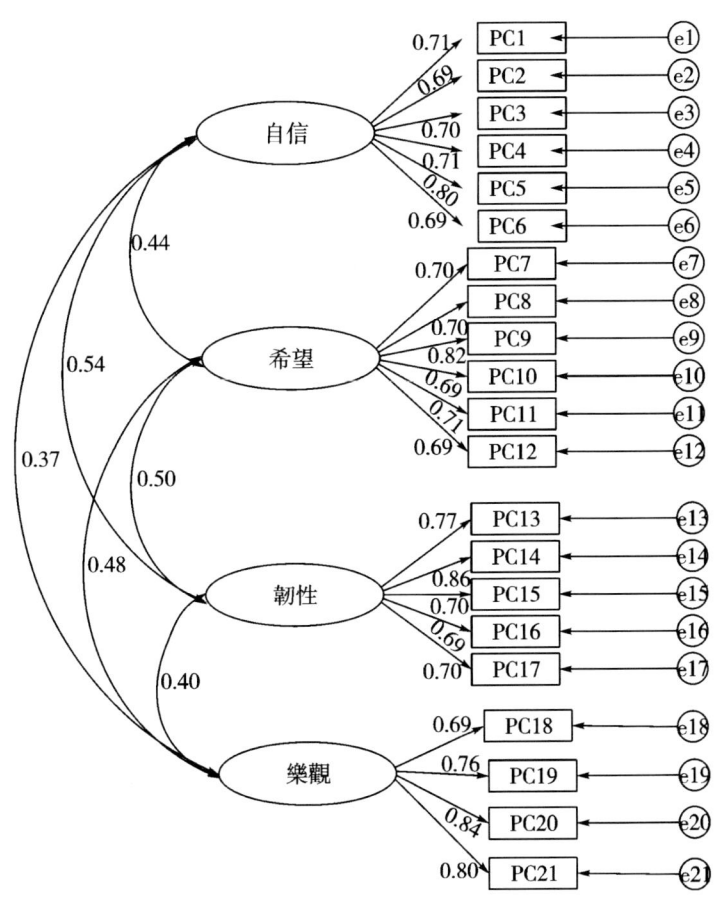

圖 5-3　心理資本驗證性因子分析模型

　　心理資本區分效度檢驗結果如表 5-14 所示。從心理資本各維度區分效度的分析結果來看，對角線括號內的數值分別為 4 個維度的 AVE 值的平方根，其餘數值為各維度之間的相關係數。根據 Fornell 和 Larcker（1981）提出的區分效度的檢驗指標及表中各數值的對比分析可以得出，心理資本

各維度的 AVE 值的平方根均大於其所在行或列上的相關係數，說明心理資本各維度的區分效果理想。

表 5-14　　　　　心理資本各維度區分效度檢驗分析

	自信	希望	韌性	樂觀
自信	(0.717)			
希望	0.44	(0.720)		
韌性	0.54	0.50	(0.746)	
樂觀	0.37	0.48	0.40	(0.775)

④傳統性聚合效度分析。如表 5-15 和圖 5-4 所示，傳統性驗證性因子分析得到的擬合評價指標均符合標準。其中，$\chi^2/df=1.663$，小於 2；GFI、AGFI、NFI、CFI 及 IFI 均大於 0.9，RMSEA＝0.058，數值在 0~1 的合理取值範圍之內，說明測量模型有效。各題項因子載荷均大於或等於 0.7；萃取平均方差（AVE）分別為 0.533，均超過 0.5 的臨界值；R^2 均大於或接近 0.5，說明傳統性整體的聚合效度較好。

表 5-15　　　　　傳統性驗證性因子分析結果

	因子載荷		標準化因子載荷	R^2	C. R. 值	AVE 值
TRA1	←	傳統性	0.708	0.502	—	
TRA2	←	傳統性	0.719	0.517	9.003	
TRA3	←	傳統性	0.700	0.490	8.794	0.533
TRA4	←	傳統性	0.747	0.558	9.309	
TRA5	←	傳統性	0.768	0.590	9.523	

模型擬合值：$\chi^2/df=1.663$，GFI＝0.985，AGFI＝0.954，NFI＝0.978，CFI＝0.991，IFI＝0.991，RMSEA＝0.058

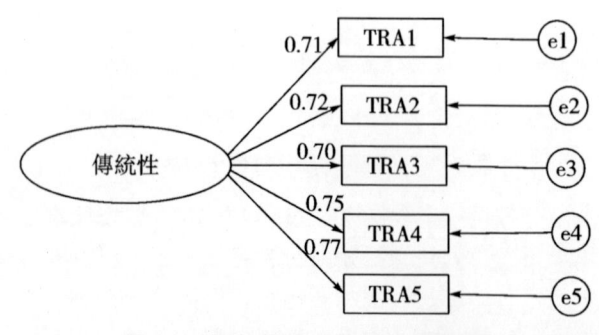

圖 5-4　傳統性驗證性因子分析模型

⑤同事支持感聚合效度分析。同事支持感驗證性因子分析結果如表 5-16 和圖 5-5 所示。驗證性因子分析結果中的擬合評價指標均符合標準。其中，據對擬合指標 χ^2/df = 2.001，小於 3；GFI、$AGFI$、NFI、CFI 及 IFI 均大於 0.9；$RMSEA$ = 0.071，數值在 0~1 的合理取值範圍之內；各題項因子載荷均大於 0.7，說明測量模型有效。萃取平均方差（AVE）分別為 0.678，均超過 0.5 的臨界值，R^2 均大於 0.5，說明同事支持感量表整體的聚合效度較好。

表 5-16　　　　　同事支持感驗證性因子分析結果

因子載荷			標準化因子載荷	R^2	C. R. 值	AVE 值
CS1	←	同事支持感	0.829	0.688	—	
CS2	←	同事支持感	0.785	0.704	12.363	0.678
CS3	←	同事支持感	0.839	0.616	13.484	
CS4	←	同事支持感	0.838	0.688	13.457	

模型擬合值：χ^2/df = 2.001，GFI = 0.990，$AGFI$ = 0.948，NFI = 0.991，CFI = 0.996，IFI = 0.996，$RMSEA$ = 0.071

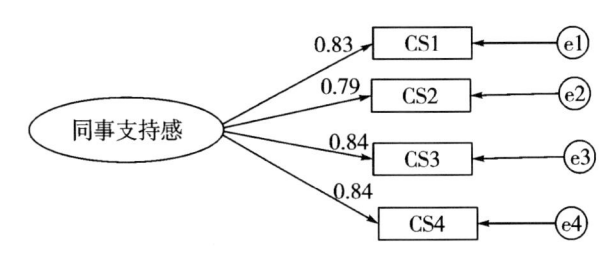

圖 5-5　同事支持感驗證性因子分析模型

5.4　人口統計學變量對心理資本及主動行為的影響分析

5.4.1　人口統計學變量對主動行為的影響

（1）不同性別員工的主動行為的差異性分析

通過獨立樣本 T 檢驗男性及女性的主動行為，結果如表 5-17 所示，男性的平均得分高於女性，這種差異的顯著性為 0.000。

表 5-17　　　不同性別員工的主動行為的差異性檢驗結果

性別	樣本數	均值	標準差	t	Sig.
男性	233	3.96	0.408	6.521	0.000
女性	237	3.68	0.516		

註：方差齊次性檢驗的 F 值為 20.517，$Sig.$ 為 0.000，選取對應方差齊次性的 t 值。

（2）不同年齡段員工的主動行為的差異性分析

如表 5-18 所示，主動行為的實施隨著年齡的增長而增加，總體呈現倒 U 型的結構。其中，在 36~40 歲時達到最高，隨後下降。當然，這種倒 U 型結構並不顯著。

表 5-18　　　不同年齡段員工的主動行為的差異性分析結果

年齡段	樣本數	均值	標準差	F	Sig.
20 歲及以下	10	3.49	0.407		
21~25 歲	163	3.83	0.443		
26~30 歲	164	3.79	0.500	1.375	0.232
31~35 歲	70	3.86	0.420		
36~40 歲	36	3.89	0.551		
41 歲及以上	27	3.76	0.686		

（3）不同受教育程度員工的主動行為的差異性分析

從表 5-19 分析結果可知，員工的主動行為隨著受教育程度的提升而增加。學歷層次中，高中/中專及以下的主動性最低，均值為 3.74，而主動性最高的為碩士研究生及以上學歷的員工，均值為 3.99。從總體上看，這種差異是顯著的。

表 5-19　　　不同受教育程度員工的主動行為的差異性分析結果

受教育程度	樣本數	均值	標準差	F	Sig.
高中/中專及以下	43	3.74	0.522		
大專	131	3.74	0.524	3.576	0.014
本科	251	3.83	0.460		
碩士研究生及以上	45	3.99	0.427		

表 5-20　不同受教育程度員工主動行為的差異性分析的多重比較

(I) 教育程度	(J) 教育程度	均值差 (I-J)	顯著性	是否齊次	事後比較法
高中/中專及以下	大專	-0.003	0.969		
	本科	-0.095	0.234		
	碩士研究生及以上	-0.256*	0.013	是	LSD
大專	本科	-0.092	0.079		
	碩士研究生及以上	-0.253*	0.003		
本科	碩士研究生及以上	-0.161*	0.039		

註：均值差的顯著性水平為 0.05；方差齊次性檢驗的 levene 值為 1.419；Sig. 值為 0.237.

(4) 不同工作年限員工的主動行為的差異性分析

如表 5-21 所示，工作年限對員工主動行為的影響呈 U 型結構。其中，工作年限為 3~5 年的員工的主動行為水平最低，均值為 3.77，但這種差異並不顯著。

表 5-21　不同工作年限員工的主動行為的差異性分析結果

工作年限	樣本數	均值	標準差	F	Sig.
1 年及以內	93	3.80	0.484		
1~3 年	156	3.80	0.444		
3~5 年	104	3.77	0.493	0.805	0.522
5~7 年	49	3.85	0.507		
7 年及以上	68	3.90	0.552		

(5) 不同職位員工的主動行為的差異性分析

如表 5-22 所示，從總體上看，職位對員工主動行為的影響並不顯著，但從結果的內在規律來看，職位越高的員工的主動行為水平越高。普通員工、基層管理者與中層管理者的主動行為均值分別為：3.78、3.81 及 3.96。

表 5-22　不同職位員工的主動行為的差異性分析結果

職位	樣本數	均值	標準差	F	Sig.
普通員工	317	3.78	0.464		
基層管理者	115	3.81	0.550	2.010	0.135
中層管理者	38	3.96	0.441		

（6）不同組織性質員工的主動行為的差異性分析

如表5-23所示，來自於不同組織性質的員工的主動行為水平的差異是顯著的。從總體上看，非國有部門員工的主動行為高於國有部門。對於不同組織性質員工的主動行為的多重比較分析如表5-24所示。

表5-23　不同組織性質員工的主動行為的差異性分析結果

組織性質	樣本數	均值	標準差	F	Sig.
國有企業	96	3.38	0.530		
民營企業	225	3.95	0.391		
合資企業	74	3.93	0.304	31.658	0.000
事業單位	56	3.78	0.524		
其他	19	4.01	0.478		

表5-24　不同組織性質員工的主動行為差異的多重比較分析結果

（I）組織性質	（J）組織性質	均值差（I-J）	顯著性	是否齊次	事後比較法
國有企業	民營企業	-0.566*	0.000		
	合資企業	-0.544*	0.000		
	事業單位	-0.398*	0.000		
	其他	-0.625*	0.000		
民營企業	合資企業	0.022	0.705	是	LSD
	事業單位	0.168*	0.009		
	其他	-0.059	0.569		
合資企業	事業單位	0.146	0.057		
	其他	-0.081	0.468		
事業單位	其他	-0.227*	0.048		

註：均值差的顯著性水平為0.05，levene值為9.795，Sig.值為0.000.

（7）不同部門員工的主動行為的差異性分析

對不同部門員工的主動行為的差異性分析如表5-25所示。除其他部門員工外，生產部門的主動行為水平是最低的，而研發部門與營銷部門的主動行為水平是最高的，當然這種差異性並不顯著。

表 5-25　　不同部門員工的主動行為的差異性分析結果

部門	樣本數	均值	標準差	F	Sig.
生產	134	3.76	0.514		
人事	53	3.77	0.529		
財務	60	3.78	0.439		
研發	28	3.89	0.601	1.798	0.100
行政	65	3.77	0.449		
營銷	74	3.86	0.450		
其他	56	3.97	0.416		

（8）不同收入水平員工的主動行為的差異性分析

如表 5-26 所示，從不同收入水平員工的主動行為的差異來看，收入越高的員工主動性越高，低收入員工的主動行為的差異不大。當然，從總體上來看，這種差異並不顯著。

表 5-26　　不同收入水平員工的主動行為的差異性分析結果

收入水平	樣本數	均值	標準差	F	Sig.
1,001～1,500 元/月	5	3.78	0.382		
1,501～2,000 元/月	41	3.77	0.489		
2,001～3,000 元/月	162	3.77	0.469	1.117	0.348
3,001～5,000 元/月	170	3.84	0.476		
5,001 元/月及以上	92	3.86	0.530		

5.4.2　人口統計學變量對心理資本的影響

（1）不同性別員工的心理資本的差異性分析

如表 5-27 所示，通過對不同性別員工的心理資本獨立樣本 T 進行檢驗後的結果來看，男性的平均得分高於女性，但這種差異並不顯著。

表 5-27　　不同性別員工的心理資本的差異性分析結果

性別	樣本數	均值	標準差	t	Sig.
男性	233	3.69	0.507	4.674	0.337
女性	237	3.47	0.512		

註：方差齊次性檢驗的 F 值為 0.925，Sig. 值為 0.337，選取對應方差齊次性的 t 值。

(2) 不同年齡段員工的心理資本的差異性分析

如表 5-28 所示，從不同年齡段員工的心理資本的差異來看，21~25 歲員工的心理資本得分最高，而 20 歲及以下和 41 歲及以上員工的心理資本得分最低，但這種差異並不顯著。

表 5-28　　不同年齡段員工的心理資本的差異性分析結果

年齡段	樣本數	均值	標準差	F	Sig.
20 歲及以下	43	3.53	0.491		
21~25 歲	131	3.60	0.581		
26~30 歲	251	3.57	0.508	0.240	0.896
31~35 歲	45	3.58	0.435		
36~40 歲	470	3.58	0.521		
41 歲及以上	43	3.53	0.491		

(3) 不同受教育程度員工的心理資本的差異性分析

如表 5-29 所示，不同受教育程度員工的心理資本差異中，大專學歷的心理資本得分最高，而高中/中專及以下學歷的心理資本的平均得分最低，但這種差異並不顯著。

表 5-29　　不同受教育程度員工的心理資本的差異性分析結果

受教育程度	樣本數	均值	標準差	F	Sig.
高中/中專及以下	43	3.53	0.491		
大專	131	3.60	0.581	0.240	0.869
本科	251	3.57	0.508		
碩士研究生及以上	45	3.58	0.435		

(4) 不同工作年限員工的心理資本的差異性分析

如表 5-30 所示，在不同工作年限員工的心理資本的差異性分析中，工作年限對員工心理資本的影響呈 U 型結構，其中工作 3~5 年的員工的心理資本得分最低，而工作 5~7 年的員工的心理資本得分最高，但這種差異並不顯著。

表 5-30　不同工作年限員工的心理資本的差異性分析結果

工作年限	樣本數	均值	標準差	F	Sig.
1 年及以內	93	3.58	0.481		
1~3 年	156	3.55	0.453		
3~5 年	104	3.54	0.583	0.872	0.481
5~7 年	49	3.67	0.573		
7 年及以上	68	3.64	0.578		

（5）不同職位員工的心理資本的差異性分析

如表 5-31 所示，在不同職位員工的心理資本的差異性分析中，職位越高的員工的心理資本得分越高，其中中層管理者的心理資本得分為 3.59，但這種差異並不具備顯著性。

表 5-31　不同職位員工的心理資本的差異性分析結果

職位	樣本數	均值	標準差	F	Sig.
普通員工	317	3.57	0.492		
基層管理者	115	3.58	0.523	0.035	0.965
中層管理者	38	3.59	0.595		

（6）不同組織性質員工的心理資本的差異性分析

如表 5-32 所示，來自不同組織性質的員工的心理資本的差異是顯著的。從總體上看，非國有部門員工的心理資本得分高於國有部門員工。對於不同組織性質員工的主動行為的多重比較分析如表 5-33 所示。

表 5-32　不同組織性質員工的心理資本的差異性分析結果

組織性質	樣本數	均值	標準差	F	Sig.
國有企業	96	3.26	0.528		
民營企業	225	3.67	0.459		
合資企業	74	3.78	0.413	16.726	0.000
事業單位	56	3.45	0.516		
其他	19	3.61	0.759		

表 5-33　不同組織性質員工的心理資本差異的多重比較分析結果

(I) 組織性質	(J) 組織性質	均值差(I-J)	顯著性	是否齊次	事後比較法
國有企業	民營企業	-0.416*	0.000	是	LSD
	合資企業	-0.527*	0.000		
	事業單位	-0.194*	0.019		
	其他	-0.348*	0.005		
民營企業	合資企業	-0.111	0.091		
	事業單位	0.222*	0.002		
	其他	0.068	0.561		
合資企業	事業單位	0.333*	0.000		
	其他	0.179	0.155		
事業單位	其他	-0.154	0.236		

註：均值差的顯著性水平為 0.05，levene 值為 3.935，Sig.值為 0.004.

(7) 不同部門員工的心理資本的差異性分析

對不同部門員工主動行為的差異性分析如表 5-34 所示。各部門員工心理資本平均得分存在一定的差異，行政部門員工的心理資本得分是最低的，而研發部門員工的心理資本得分是最高的。當然，這種差異性並不顯著。

表 5-34　不同部門員工的心理資本的差異性分析結果

部門	樣本數	均值	標準差	F	Sig.
生產	134	3.57	0.565		
人事	53	3.52	0.513		
財務	60	3.56	0.490		
研發	28	3.70	0.567	0.919	0.418
行政	65	3.49	0.443		
營銷	74	3.64	0.528		
其他	56	3.63	0.499		

(8) 不同收入水平員工的心理資本的差異性分析

如表 5-35 所示，從不同收入水平員工的心理資本差異來看，不同收入水平員工間的心理資本得分存在一定的差異。當然，從總體上來看，這種差異並不顯著。

表 5-35　不同收入水平員工的心理資本的差異性分析結果

收入水平	樣本數	均值	標準差	F	Sig.
1,001~1,500 元/月	5	3.62	0.289		
1,501~2,000 元/月	41	3.60	0.463		
2,001~3,000 元/月	162	3.57	0.492	0.941	0.440
3,001~5,000 元/月	170	3.60	0.525		
5,001 元/月及以上	92	3.52	0.592		

5.5　相關性分析

基於對各變量的相關分析構建相關係數矩陣。對表 5-36 的分析顯示，在 0.001 的水平上，誠信領導與心理資本、主動行為顯著正相關，相關係數分別為 0.565 和 0.559；心理資本與主動行為顯著正相關；傳統性與心理資本、主動行為負相關，相關係數分別為-0.139 和-0.228；同事支持感與心理資本、主動行為正相關，相關係數分別為 0.112 和 0.214。當然，基於相關分析得出的變量之間的關係僅能夠得到變量間表面的初步關係，不能分析變量間的因果關係及闡述模型的內在機理，僅能夠作為後續假設檢驗的前提參考。變量間的相關係數小於 0.7，各變量之間沒有高度相關，多重共線性並不顯著。

5.6　假設檢驗

5.6.1　假設檢驗方法選擇

模型是以系統的方式來描述觀察變量和潛變量間的關係。本研究採用 AMOS17.0 結構方程模型（SEM）對直接效應和仲介效應進行檢驗。結構方程模型是用來檢定觀察變量和潛變量之間假設關係的一種多重變量統計方法，即以收集的數據來檢定基於理論所建立的假設模型。結構方程模型可以有效處理個體的行為、態度等構念，並可以剔除隨機測量誤差，提高

表 5-36　各變量均值、標準差及相關係數矩陣

	Mean	S.D.	1	2	3	4	5	6	7	8	9	10	11	12	13
1 性別	0.50	0.501	1												
2 受教育程度	2.63	0.780	−0.073	1											
3 組織性質	2.31	1.052	−0.142**	0.148**	1										
4 年齡	3.09	1.183	−0.069	−0.010	0.124**	1									
5 工作年限	2.67	1.303	−0.042	−0.003	0.107*	0.639**	1								
6 職位	1.41	0.635	−0.096*	0.215**	0.084	0.314**	0.419**	1							
7 部門	3.60	2.199	−0.001	0.170**	0.196**	0.088	−0.012	0.059	1						
8 收入水平	3.64	0.928	−0.027	0.300**	0.053	0.323**	0.350**	0.376**	0.041	1					
9 誠信領導	3.65	0.546	−0.210**	0.065	0.183**	0.023	0.062	0.055	0.085	0.040	1				
10 心理資本	3.58	0.521	−0.211**	0.005	0.131**	−0.013	0.054	0.010	0.040	−0.047	0.565**	1			
11 主動行為	3.81	0.486	−0.289**	0.136**	0.239**	0.032	0.058	0.045	0.120**	0.053	0.559**	0.636**	1		
12 傳統性	2.81	0.865	0.029	−0.072	−0.077	0.016	0.058	−0.003	−0.149**	0.020	−0.075	−0.139**	−0.228**	1	
13 同事支持感	3.65	0.765	−0.043	0.039	0.041	−0.050	−0.043	−0.009	0.085	0.077	0.010	0.112*	0.214**	0.019	1

註：* P<0.05，** P<0.01，*** P<0.001；相關係數檢驗採用 Pearson 相關分析法；性別：男＝0，女＝1。

測量的準確性。對於本研究要檢驗的直接效應與仲介效應來說，自變量、仲介變量及因變量均為四維度的二階潛變量，若採用逐步階層迴歸方法，將可能出現合成謬論的錯誤。因此，本研究選取 SEM 檢測複雜的路徑模型，並介紹對仲介效應和調節效應進行檢驗的機理及步驟。

（1）仲介效應檢驗方法與程序

仲介變量可以用來解釋現象，在研究中起著重要作用。一般地，如圖 5-6 所示，凡是 X 影響到 Y，並且 X 是通過一個中間的變量 M 對 Y 產生影響的，M 便可以被認定為仲介變量。研究仲介變量產生的仲介效應能夠使自變量與因變量間的關係鏈更為清楚和完善，從而有效地解釋關係背後的作用機制，具有很強的理論建構意義。對於 X、M、Y 之間的關係可用下列迴歸方程來描述：

$$Y = cX + e_1 \qquad (5.1)$$
$$M = aX + e_2 \qquad (5.2)$$
$$Y = c'X + bM + e_3 \qquad (5.3)$$

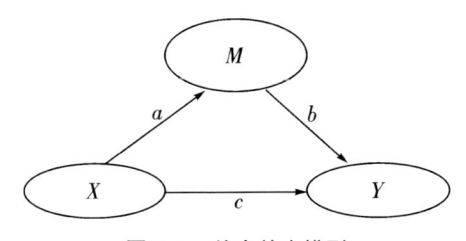

圖 5-6　仲介效應模型

本研究仲介模型 $PB = cAL + bPsycap + e$ 根據溫忠麟和葉寶娟（2014）的研究，對仲介效應的檢驗流程應遵循以下步驟：

①檢驗方程（5.1）的系數 c，如果顯著，按仲介效應立論，否則按遮掩效應立論。但無論是否顯著，都應進行後續檢驗。

②依次檢驗方程(5.2)的系數 a 和方程(5.3)的系數 b，如果兩個都顯著，則間接效應顯著，轉到第四步；如果至少有一個不顯著，則進行第三步。

③用 Bootstrap 法直接檢驗 H0：$ab = 0$。如果顯著，則間接效應顯著，進行第四步，否則間接效應不顯著，停止分析。

④檢驗方程（5.3）的系數 c'，如果不顯著，即直接效應不顯著，說明只有仲介效應；如果顯著，即直接效應顯著，進行第五步。

⑤比較 ab 和 c'的符號，如果同號，屬於部分仲介效應，報告仲介效應占總效應的比例 ab/c'；如果異號，屬於遮掩效應，報告間接效應與直接效應的比例的絕對值 $|ab/c'|$。

（2）調節效應檢驗方法與程序

陳曉萍等（2008）認為，理論發展若要突破個體認知的局限，需要將理論所適用的情景和條件考慮在內，而理論適用的情景、範圍、條件即為對調節變量的研究，只有這樣才能全面、深刻地把握理論並發展理論，最終幫助研究者明晰變量間的邏輯關係。通俗地說，調節變量就是「視情況而定」。如果兩個變量之間的關係（如 Y 與 X 的關係）是變量 M 的函數，則稱 M 為調節變量。也就是說，Y 與 X 的關係受到第三個變量 M 的影響。這種有調節變量的模型一般用圖 5-7 表示。

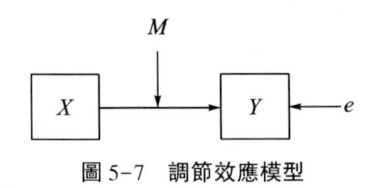

圖 5-7 調節效應模型

根據羅勝強等（2008）的研究，對調節效應的檢驗程序如下：

①對連續變量進行中心化或標準化處理。中心化的方法是用這個變量的每個數據點減去均值，使得新樣本的數據樣本均值為 0，以防止可能出現的多重共線性。

②構造帶有乘積項的方程。把經過編碼或中心化處理後的自變量和調節變量相乘即可。將方程（5.4）放到多元迴歸建言調節效果。若 b_3 顯著，說明存在調節效應。

$$Y = b_0 + b_1 X + b_2 M + b_3 X'M' \qquad (5.4)$$

（註：X' 與 M' 均為中心化處理後的值）

5.6.2 誠信領導對下屬主動行為的直接效應假設檢驗

（1）誠信領導對主動行為的影響分析

基於前文構建的誠信領導對主動行為的影響模型，通過結構方程模型分析得到以下結果（見表 5-37）：其中 χ^2/df 為 1.438，小於 2，GFI 值為 0.938，AGFI 值為 0.925，NFI 值為 0.926，CFI 為 0.976，IFI 為 0.971，TLI 為 0.973，模型未經修正。模型擬合相關指標均已超過 0.9，RMSEA 的值為 0.031，小於建議值 0.08。以上各項擬合指標基本都符合要求，模型擬合情況較好。而通過圖 5-8 的分析可以得出，誠信領導對主動行為的標準化路徑為 0.69，P 值為 0.000，已達到顯著性水平，說明兩者之間有很強的相關係數。誠信領導對主動行為的影響關係模型成立，且數據結果支持假設 H1。

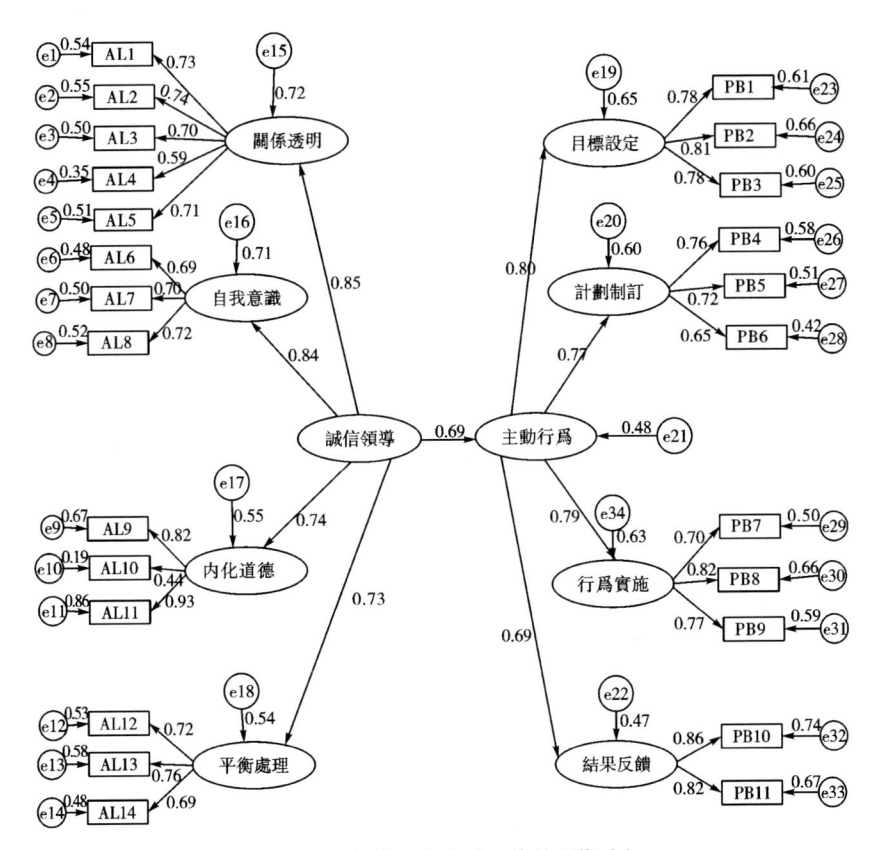

圖 5-8　誠信領導對主動行為的影響路徑

表 5-37　誠信領導對主動行為的影響的模型擬合指標分析結果

擬合指標	χ^2/df	GFI	AGFI	NFI	CFI	IFI	TLI	RMSEA
	1.438	0.938	0.925	0.926	0.976	0.971	0.973	0.031

（2）誠信領導各維度對主動行為的影響分析

如圖 5-9 所示，從誠信領導各維度對主動行為的影響路徑來看，在刪除自我意識對主動行為的影響路徑，對模型經過部分修正後，通過結構方程模型分析得到以下結果（見表5-38）：其中χ^2/df為2.861，小於3，GFI值為 0.926，AGFI 值為 0.908，NFI 值為 0.906，CFI 為 0.954，IFI 為 0.954，TLI 為 0.947，模型擬合相關指標均達到或超過 0.9 的臨界值，RMSEA 的值為 0.043，小於建議值 0.08。大部分數據已符合要求，說明模型擬合情況良好。而通過對圖 5-9 及表 5-39 的分析可以得出：誠信領導各

維度中，關係透明維度對主動行為的影響最為顯著，內化道德和平衡處理對主動行為的影響在 0.05 水平上顯著，驗證了誠信領導各維度對主動行為具有顯著影響，數據分析結果支持本研究中的假設 H1a、H1c 及 H1d。

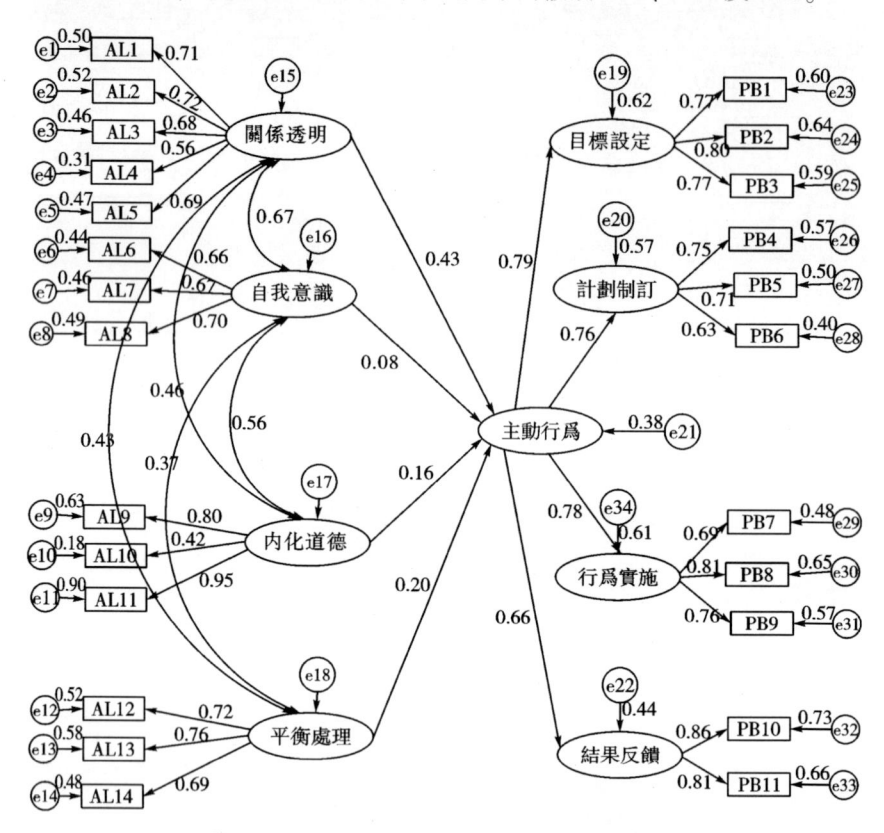

圖 5-9　誠信領導各維度對主動行為的影響路徑

表 5-38　誠信領導各維度對主動行為的影響的模型擬合指標分析結果

擬合指標	x^2/df	GFI	AGFI	NFI	CFI	IFI	TLI	RMSEA
	2.861	0.926	0.908	0.906	0.954	0.954	0.947	0.043

表 5-39　誠信領導各維度對主動行為的參數估計分析結果

			路徑系數	S. E.	C. R.	P
主動行為	←	關係透明	0.425	0.059	5.342	***
主動行為	←	自我意識	0.083	0.044	1.891	0.059
主動行為	←	內化道德	0.160	0.038	2.633	0.008
主動行為	←	平衡處理	0.198	0.043	3.032	0.002

5.6.3 心理資本在誠信領導與下屬主動行為間的仲介效應檢驗

(1) 誠信領導對心理資本的影響分析

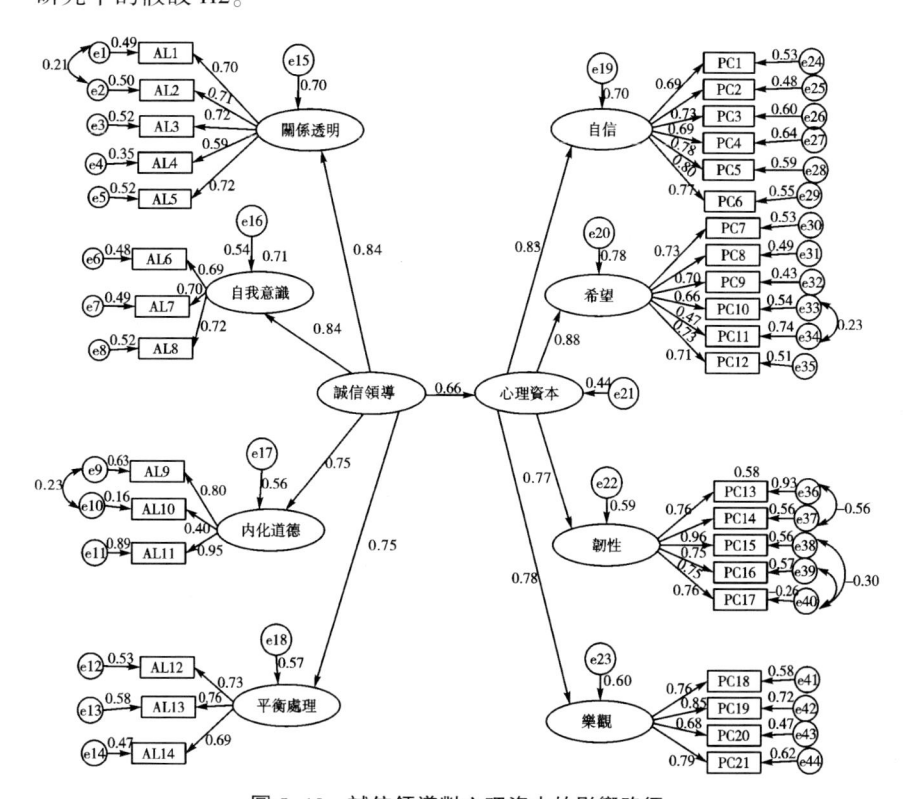

本研究通過對誠信領導對心理資本的影響路徑進行分析，並對模型進行部分修正後，利用結構方程模型分析得到以下結果（見表 5-40）：其中 χ^2/df 為 1.674，小於 2，GFI 值為 0.900，AGFI 值為 0.885，NFI 值為 0.899，CFI 為 0.957，IFI 為 0.957，TLI 為 0.953，模型擬合相關指標均接近或超過 0.9 的臨界值，RMSEA 的值為 0.038，小於最佳建議值 0.05。雖然有個別數據未達到最佳擬合標準，但大部分數據已符合要求，說明模型擬合情況良好。而通過對圖 5-10 的分析可以得出：誠信領導對心理資本存在顯著影響，標準化路徑為 0.66，P 值為 0.000，已達到顯著性水平；模型證實了誠信領導對心理資本的顯著影響，且數據分析結果也驗證了本研究中的假設 H2。

圖 5-10　誠信領導對心理資本的影響路徑

表 5-40　誠信領導對心理資本影響的模型擬合指標分析結果

擬合指標	χ^2/df	GFI	AGFI	NFI	CFI	IFI	TLI	RMSEA
	1.674	0.900	0.885	0.899	0.957	0.957	0.953	0.038

（2）誠信領導各維度對心理資本的影響分析

從圖 5-11 中誠信領導各維度對心理資本的影響路徑來看，由於自我意識維度對心理資本的路徑係數不顯著，刪除自我意識對心理資本的影響路徑後，通過結構方程模型分析得到以下結果（見表 5-41）：其中 χ^2/df 為 1.684，小於 2，GFI 值為 0.900，AGFI 值為 0.883，NFI 值為 0.900，CFI 為 0.956，IFI 為 0.957，TLI 為 0.952，模型擬合相關指標均接近或超過 0.9 的臨界值，RMSEA 的值為 0.038，小於建議值 0.08。雖然有個別數據未達到最佳擬合標準，但大部分數據已符合要求，說明模型擬合情況良

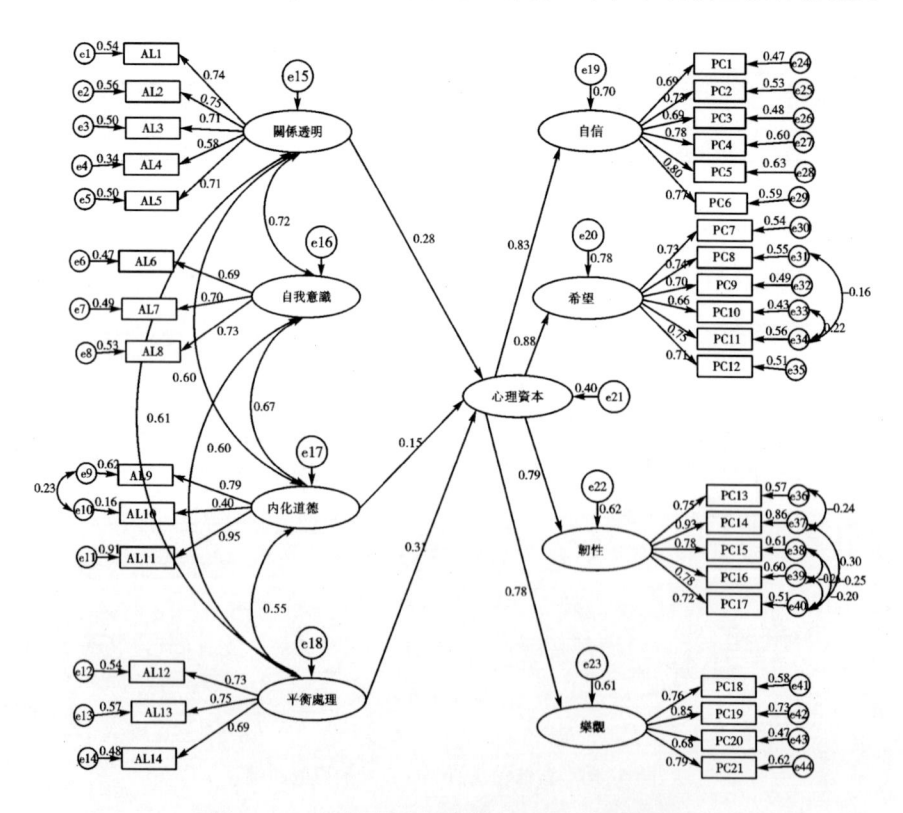

圖 5-11　誠信領導各維度對心理資本的影響路徑

好。而通過對圖 5-11 及表 5-42 的分析可以得出，誠信領導各維度對心理資本均存在影響，關係透明維度與平衡處理維度對主動行為的影響最為顯著，內化道德對主動行為的影響在 0.05 水平上顯著，數據分析結果支持本研究中的假設 H2b、H2c 及 H2d。

表 5-41 誠信領導各維度對心理資本的影響的模型擬合指標分析結果

擬合指標	X^2/df	GFI	AGFI	NFI	CFI	IFI	TLI	RMSEA
	1.684	0.900	0.883	0.900	0.956	0.957	0.952	0.038

表 5-42 誠信領導各維度對心理資本的影響的模型參數估計分析結果

			路徑係數	S.E.	C.R.	P
心理資本	←	關係透明	0.276	0.054	3.769	***
心理資本	←	內化道德	0.152	0.041	2.465	0.014
心理資本	←	平衡處理	0.309	0.052	4.186	***

（3）心理資本對主動行為的影響分析

從圖 5-12 及表 5-43 心理資本對主動行為的影響路徑來看，在對模型經過部分修正後，通過結構方程模型分析可得到以下結果：其中 X^2/df 為 1.753，小於 2，GFI 值為 0.904，AGFI 值為 0.887，NFI 值為 0.908，CFI 為 0.958，IFI 為 0.958，TLI 為 0.954，模型經修正後擬合相關指標均接近或超過 0.9 的臨界值，RMSEA 的值為 0.040，小於建議值 0.08。雖然有個別數據未達到最佳擬合標準，但大部分數據已符合要求，說明模型擬合情況良好。而通過對圖 5-12 的分析可以得出：心理資本對主動行為的標準化路徑為 0.77，P 值為 0.000，已達到顯著性水平，說明兩者之間有很強的相關係數；心理資本對主動行為的影響關係模型成立，且數據結果支持假設 H3。

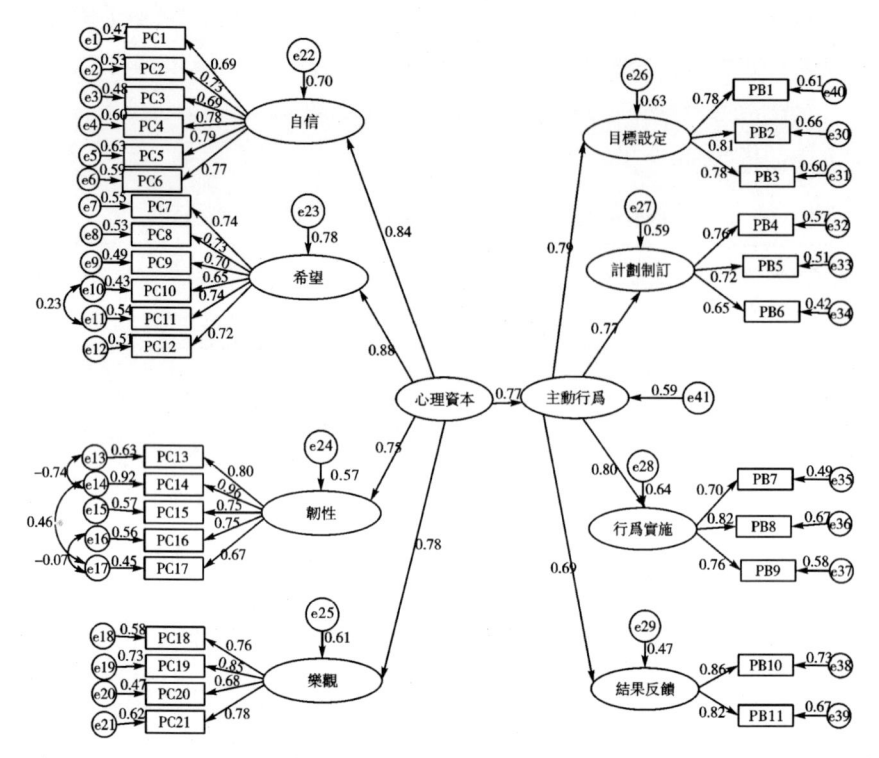

圖 5-12　心理資本對主動行為的影響路徑圖

表 5-43　心理資本對主動行為的影響的模型擬合指標分析結果

擬合指標	X^2/df	GFI	AGFI	NFI	CFI	IFI	TLI	RMSEA
	1.753	0.904	0.887	0.908	0.958	0.958	0.954	0.040

（4）心理資本各維度對主動行為的影響分析

從心理資本各維度對主動行為的影響路徑來看，在對模型經過部分修正後，通過結構方程模型分析可得到以下結果（見表 5-44）：其中 X^2/df 為 1.775，小於 2，GFI 值為 0.905，AGFI 值為 0.888，NFI 值為 0.908，CFI 為 0.958，IFI 為 0.958，TLI 為 0.954，模型經修正後擬合相關指標均接近或超過 0.9 的臨界值，RMSEA 的值為 0.040，小於建議值 0.08。雖然有個別數據未達到最佳擬合標準，但大部分數據已符合要求，說明模型擬合情況良好。如圖 5-13 及表 5-45 所示，模型經過修正後可得出：心理資本各維度中，自信、希望及樂觀均對主動行為存在顯著影響，其中自信對主動行為的影響最為顯著。模型驗證了心理資本各維度對主動行為的顯著

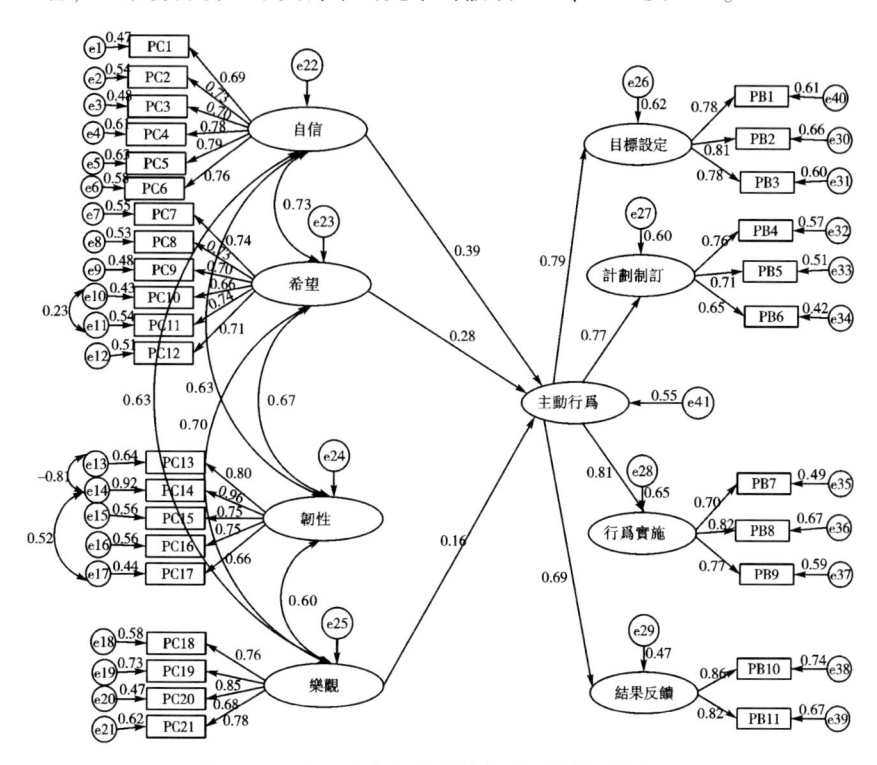

影響，且數據分析結果支持本研究中的假設 H3a、H3b 及 H3c。

圖 5-13 心理資本各維度對主動行為的影響路徑

表 5-44 心理資本各維度對主動行為的影響的模型擬合指標分析結果

擬合指標	χ^2/df	GFI	AGFI	NFI	CFI	IFI	TLI	RMSEA
	1.775	0.905	0.888	0.908	0.958	0.958	0.954	0.040

表 5-45 心理資本各維度對主動行為的參數估計分析結果

			路徑系數	S.E.	C.R.	P
主動行為	←	自信	0.390	0.059	5.008	***
主動行為	←	希望	0.277	0.059	3.215	0.001
主動行為	←	樂觀	0.160	0.048	2.285	0.022

（5）心理資本的仲介效應檢驗

①心理資本在誠信領導與主動行為間的仲介效應檢驗。通過構建的心理資本仲介效應模型，並運用結構方程模型進行仲介效應分析後得到下列

結果（見表5-46）：模型的擬合指標值χ^2/df為1.490，小於最佳值2，*GFI*值為0.877，*AGFI*值為0.863，*NFI*值為0.866，*IFI*值為0.952，*TLI*值為0.948，*CFI*值為0.951。擬合相關指標均接近或超過0.9的臨界值，部分擬合指標值未超過0.9的原因在於仲介模型的三個構念均包含二階潛變量，測量中的誤差將導致部分指標出現模棱兩可的現象（Bagozzi & Yi, 1988）。本研究中大部分指標已經滿足或優於標準，因此，可以認為心理資本的仲介效應模型擬合較好。

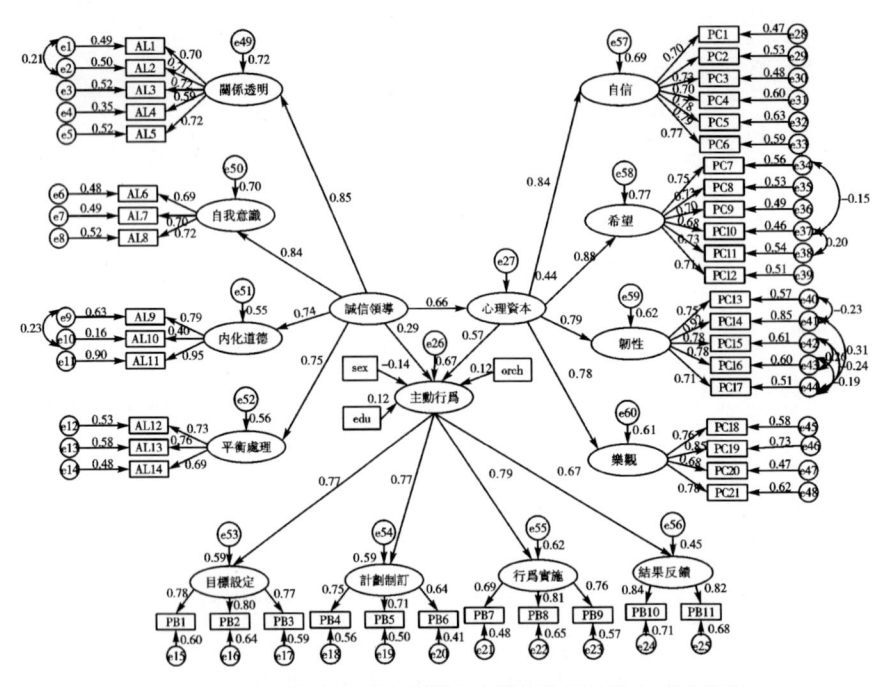

圖5-14 心理資本在誠信領導與主動行為間的仲介效應模型

表5-46 心理資本在誠信領導與主動行為間的仲介效應擬合指標分析結果

擬合指標	χ^2/df	GFI	AGFI	NFI	CFI	IFI	TLI	RMSEA
	1.490	0.877	0.863	0.866	0.951	0.952	0.948	0.032

對於心理資本的仲介效應，首先，在方差分析結果的基礎上，引入對主動行為可能產生影響的控製變量。本研究中將性別（sex）、受教育程度（edu）、組織類型（orch）引入結構方程模型中。其中性別、受教育程度及組織類型對主動行為的標準化路徑係數分別為：-0.14、0.11及0.12，P值均達到顯著性水平（見表5-47）。其次，依據仲介效應的檢驗程序，

檢驗誠信領導對主動行為的標準化路徑係數。根據前文的分析可以得出，誠信領導對主動行為的標準化路徑係數為 0.69（見圖 5-8），顯著水平為 0.000，說明誠信領導與主動行為有顯著的正向關係，兩者之間可能存在著仲介因素。再次，檢驗誠信領導對心理資本的標準化路徑係數。根據以上分析可以得出，誠信領導對心理資本的標準化路徑係數為 0.66，顯著水平為 0.000；將心理資本納入仲介效應模型進行分析可以得出，心理資本對主動行為的標準化路徑係數為 0.57，顯著性為 0.000（見圖 5-14）。最後，在引入控製變量的前提下，檢驗仲介效應模型中誠信領導對主動行為的標準化路徑係數為 0.29，顯著性水平為 0.000。因此可以說明，心理資本在誠信領導與主動行為間起部分仲介作用，部分仲介效應的比重為 0.66×0.57/0.69＝0.545，這說明仲介效應占總效應的比重約為 55%，驗證了本研究假設 H4。

表 5-47　　　　　　心理資本仲介效應參數估計分析結果

			路徑係數	S. E.	C. R.	P
心理資本	←	誠信領導	0.664	0.063	9.036	***
主動行為	←	心理資本	0.570	0.077	7.152	***
主動行為	←	誠信領導	0.288	0.058	4.164	***
主動行為	←	sex	-0.135	0.032	-3.423	***
主動行為	←	edu	0.115	0.021	2.939	0.003
主動行為	←	orch	0.115	0.015	2.944	0.003

②心理資本各維度的仲介效應檢驗。為更深入地探究心理資本在誠信領導與下屬主動行為之間的仲介效應，基於研究假設，本研究對心理資本各維度的仲介效應進行了檢驗。由於心理資本是個體所有心理資源的高階結構，心理資本中的自信、希望、樂觀及韌性均指向不同的積極心理狀態或積極心理資源，它們都可以進行獨立的測量、開發和管理，且各維度之間存在一定的差異（田喜洲和謝晉宇，2010）。例如，自信是對自我能力的感知和判斷，希望是對未來目標和導向的認知，樂觀是對未來好的結果的預期與歸因，而韌性是面臨壓力時表現出來的心理彈性。從所屬資源的類型來看，自信、樂觀、希望等資源屬於個體的關鍵性資源，對積極行為的效果最為明顯，而韌性屬於個體的建設性資源（Halbesleben et al.，2014）。由此，本研究將對心理資本中每一項心理資源在誠信領導與下屬主動行為間的仲介作用進行檢驗。

a. 自信的仲介效應檢驗。依據研究假設繼續對心理資本各維度的仲介效應進行檢驗。通過結構方程模型分析自信的仲介效應，結果如表 5-48 所示。其中，模型的部分擬合指標值 X^2/df 為 1.456，小於最佳值 2；GFI 值為 0.915，AGFI 值為 0.901，NFI 值為 0.894，IFI 值為 0.964，TLI 值為 0.961，CFI 值為 0.964，擬合相關指標均接近或超過 0.9 的臨界值；RMSEA 的值為 0.031，小於最佳建議值 0.05，說明自信的仲介效應模型擬合較好。

對於自信的仲介效應檢驗，依據仲介效應的檢驗步驟，首先，檢驗誠信領導對主動行為的標準化路徑系數為 0.69（見圖 5-8），顯著水平為 0.000，說明誠信領導與主動行為有顯著的正向關係。其次，檢驗誠信領導對自信的標準化路徑系數為 0.61，顯著水平為 0.000；將自信納入仲介效應模型進行分析可以得出，自信對主動行為的標準化路徑系數為 0.43，顯著性為 0.000。最後，檢驗仲介效應模型中誠信領導對主動行為的標準化路徑系數為 0.41，顯著性水平為 0.000（見圖 5-15）。因此可以說明，自信在誠信領導與主動行為間起部分仲介作用。

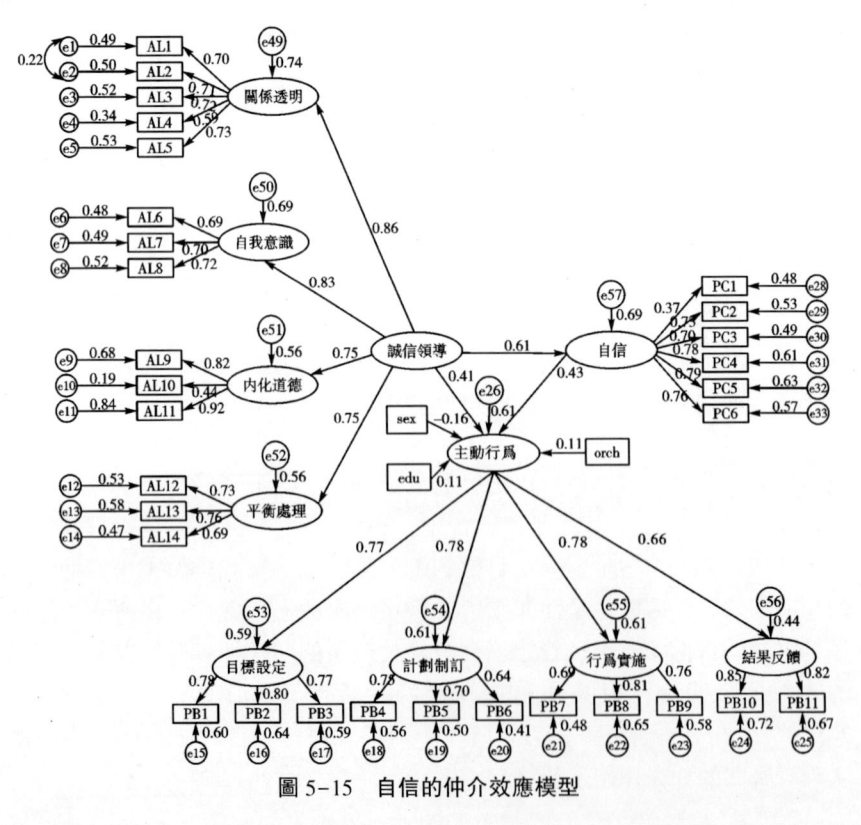

圖 5-15　自信的仲介效應模型

表 5-48　　　　　　　自信的仲介效應擬合指標分析結果

擬合指標	χ^2/df	GFI	AGFI	NFI	CFI	IFI	TLI	RMSEA
	1.456	0.915	0.901	0.894	0.964	0.964	0.961	0.031

表 5-49　　　　　　　自信的仲介效應參數估計分析結果

			路徑系數	S. E.	C. R.	P
自信	←	誠信領導	0.608	0.067	9.186	***
主動行為	←	誠信領導	0.407	0.056	5.812	***
主動行為	←	自信	0.430	0.054	6.368	***
主動行為	←	sex	−0.156	0.033	−3.808	***
主動行為	←	edu	0.106	0.021	2.617	0.009
主動行為	←	orch	0.108	0.016	2.666	0.008

b. 希望的仲介效應檢驗。依據研究假設，通過結構方程模型分析希望的仲介效應，結果如表 5-50 所示。其中，模型的部分擬合指標值 χ^2/df 為 1.485，小於最佳值 2；GFI 值為 0.914，AGFI 值為 0.901，NFI 值為 0.890，IFI 值為 0.961，TLI 值為 0.957，CFI 值為 0.961，擬合相關指標均接近或超過 0.9 的臨界值；RMSEA 的值為 0.032，小於最佳建議值 0.05，說明，希望的仲介效應模型擬合較好。

對於希望的仲介效應檢驗，依據仲介效應的檢驗步驟，首先，檢驗誠信領導對主動行為的標準化路徑系數為 0.69（見圖 5-8），顯著水平為 0.000，說明誠信領導與主動行為有顯著的正向關係。其次，檢驗誠信領導對希望的標準化路徑系數為 0.59，顯著水平為 0.000；將希望納入仲介效應模型進行分析可以得出，希望對主動行為的標準化路徑系數為 0.40，顯著性為 0.000。最後，檢驗仲介效應模型中誠信領導對主動行為的標準化路徑系數為 0.43，顯著性水平為 0.000（見圖 5-16）。因此可以說明希望在誠信領導與主動行為間起部分仲介作用。

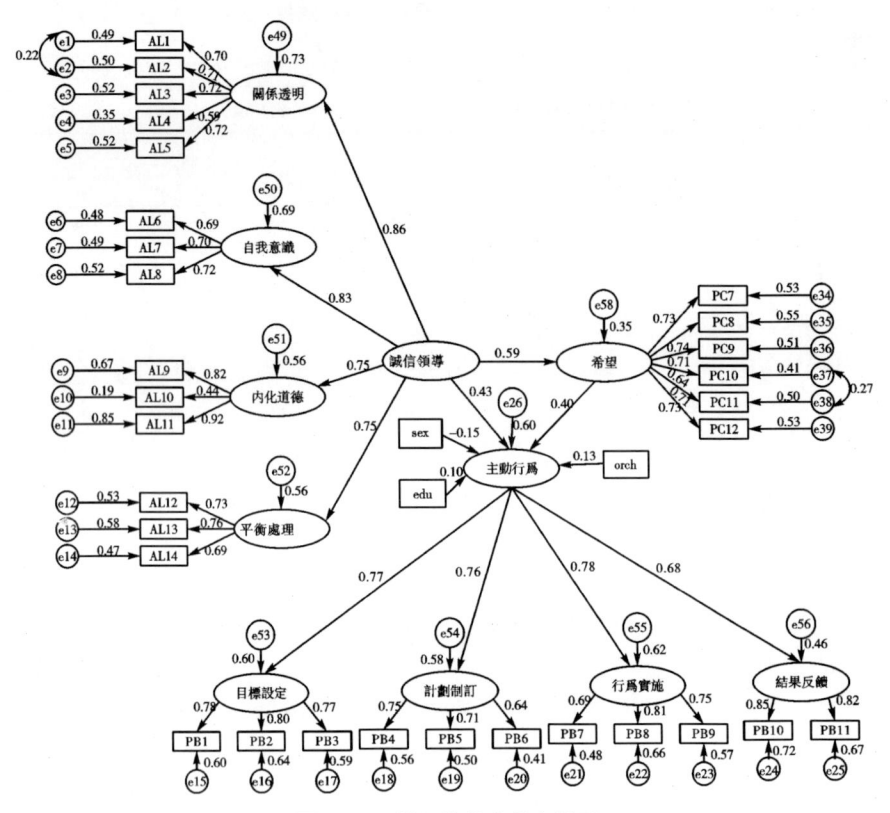

图 5-16　希望的仲介效應模型

表 5-50　　　希望的仲介效應擬合指標分析結果

擬合指標	χ^2/df	GFI	AGFI	NFI	CFI	IFI	TLI	RMSEA
	1.485	0.914	0.901	0.890	0.961	0.961	0.957	0.032

表 5-51　　　希望的仲介效應參數估計分析結果

			路徑系數	S. E.	C. R.	P
希望	←	誠信領導	0.589	0.070	9.036	***
主動行為	←	誠信領導	0.427	0.058	6.042	***
主動行為	←	希望	0.402	0.050	6.050	***
主動行為	←	sex	-0.150	0.034	-3.612	***
主動行為	←	edu	0.095	0.022	2.337	0.019
主動行為	←	orch	0.132	0.016	3.213	0.001

c. 韌性的仲介效應檢驗。依據研究假設對心理資本中韌性的仲介效應進行檢驗，結果如表 5-52 所示。韌性仲介效應模型的部分擬合指標值 χ^2/df 為 1.509，小於最佳值 2；*GFI* 值為 0.915，*AGFI* 值為 0.900，*NFI* 值為 0.899，*IFI* 值為 0.963，*TLI* 值為 0.959，*CFI* 值為 0.963，擬合相關指標均接近或超過 0.9 的臨界值；*RMSEA* 的值為 0.033，小於最佳建議值 0.05，說明韌性的仲介效應模型擬合較好。

對於韌性的仲介效應檢驗，依據仲介效應的檢驗步驟，首先，檢驗誠信領導對主動行為的標準化路徑系數為 0.69（見圖 5-8），顯著水平為 0.000，說明誠信領導與主動行為有顯著的正向關係。其次，檢驗誠信領導對韌性的標準化路徑系數為 0.49，顯著水平為 0.000；將韌性納入仲介效應模型進行分析可以得出，韌性對主動行為的標準化路徑系數為 0.28，顯著性為 0.000。最後，檢驗仲介效應模型中誠信領導對主動行為的標準化路徑系數為 0.52，顯著性水平為 0.000（見圖 5-17）。因此可以說明，韌性在誠信領導與主動行為間起部分仲介作用。

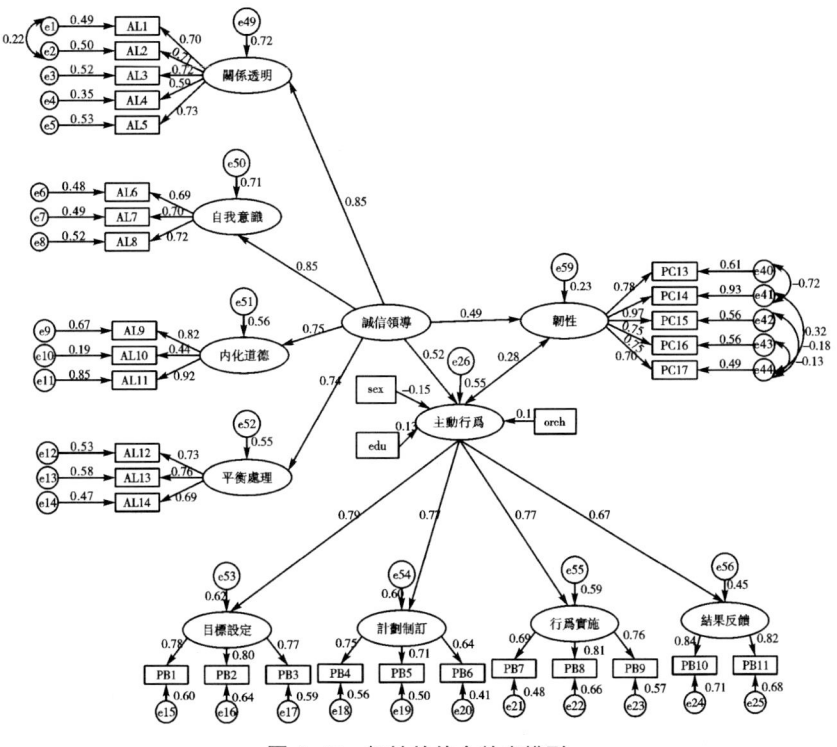

圖 5-17　韌性的仲介效應模型

表 5-52　　　　　　　韌性的仲介效應擬合指標分析結果

擬合指標	X^2/df	GFI	AGFI	NFI	CFI	IFI	TLI	RMSEA
	1.509	0.915	0.900	0.899	0.963	0.963	0.959	0.033

表 5-53　　　　　　　韌性的仲介效應參數估計分析結果

			路徑系數	S. E.	C. R.	P
韌性	←	誠信領導	0.485	0.065	8.253	***
主動行為	←	誠信領導	0.524	0.059	7.443	***
主動行為	←	韌性	0.283	0.042	5.173	***
主動行為	←	sex	-0.154	0.035	-3.637	***
主動行為	←	edu	0.130	0.023	3.087	0.002
主動行為	←	orch	0.111	0.017	2.656	0.008

　　d. 樂觀的仲介效應檢驗。依據研究假設對心理資本中的樂觀的仲介效應進行檢驗，結果如表 5-54 所示。樂觀仲介效應模型的部分擬合指標值 X^2/df 為 1.493，小於最佳值 2；GFI 值為 0.917，AGFI 值為 0.903，NFI 值為 0.896，IFI 值為 0.963，TLI 值為 0.959，CFI 值為 0.963，擬合相關指標均接近或超過 0.9 的臨界值；RMSEA 的值為 0.032，小於最佳建議值 0.05，說明樂觀的仲介效應模型擬合較好。

　　對於樂觀的仲介效應檢驗，依據仲介效應的檢驗步驟，首先，檢驗誠信領導對主動行為的標準化路徑系數為 0.69（見圖 5-8），顯著水平為 0.000，說明誠信領導與主動行為有顯著的正向關係。其次，檢驗誠信領導對樂觀的標準化路徑系數為 0.50，顯著水平為 0.000；將樂觀納入仲介效應模型進行分析可以得出，樂觀對主動行為的標準化路徑系數為 0.36，顯著性為 0.000。最後，檢驗仲介效應模型中誠信領導對主動行為的標準化路徑系數為 0.48，顯著性水平為 0.000（見圖 5-18）。因此可以說明，樂觀在誠信領導與主動行為間起部分仲介作用。

5 問卷調查分析與結果

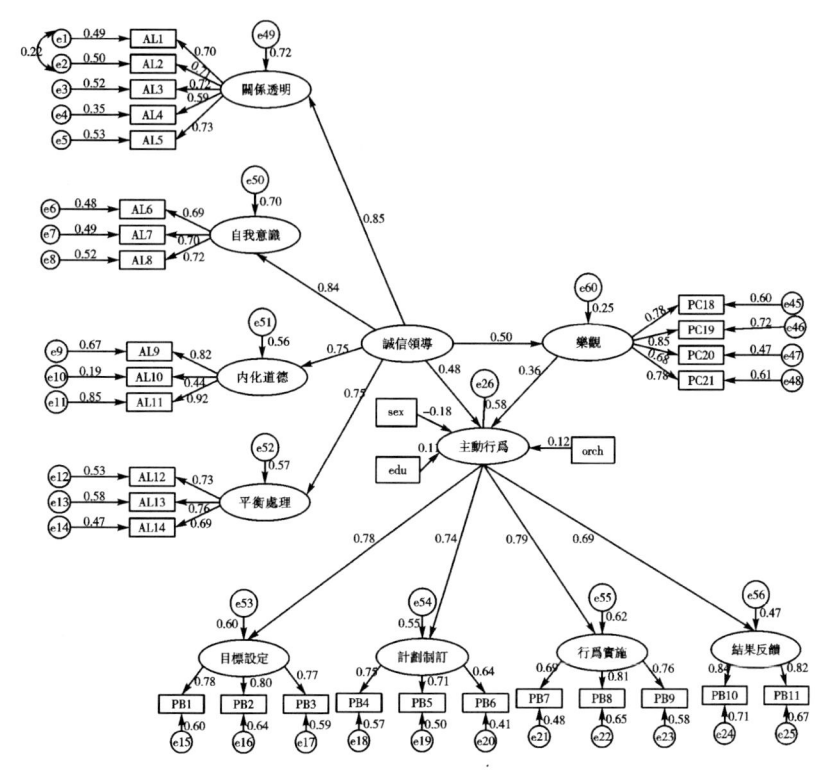

圖 5-18　樂觀的仲介效應模型

表 5-54　樂觀的仲介效應擬合指標分析結果

擬合指標	χ^2/df	GFI	AGFI	NFI	CFI	IFI	TLI	RMSEA
	1.493	0.917	0.903	0.896	0.963	0.963	0.959	0.032

表 5-55　樂觀的仲介效應參數估計分析結果

			路徑系數	S. E.	C. R.	P
樂觀	←	誠信領導	0.496	0.077	8.082	***
主動行為	←	誠信領導	0.480	0.057	7.007	***
主動行為	←	樂觀	0.355	0.039	6.008	***
主動行為	←	sex	-0.180	0.035	-4.273	***
主動行為	←	edu	0.111	0.022	2.701	0.007
主動行為	←	orch	0.122	0.016	2.945	0.003

e. 補充分析。為能更清晰地瞭解心理資本各維度在誠信領導與下屬主動行為關係中的仲介效應，本研究在考慮各維度之間可能存在的潛在關係的基礎上進行了仲介效應檢驗，對模型路徑進行適當刪減後進行對比分析，得出最優的擬合模型及擬合指標（見圖5-19及表5-56）：擬合指標中，χ^2/df 為1.593，小於最佳值2；GFI值為0.870，AGFI值為0.855，NFI值為0.865，IFI值為0.945，TLI值為0.941，CFI值為0.945，擬合相關指標均接近或超過0.9的臨界值；RMSEA的值為0.037，小於最佳建議值0.05。依據圖5-19、表5-57及上述仲介效應檢驗程序可以得出，心理資本各維度在誠信領導與下屬主動行為間的仲介作用中，自信和希望在誠信領導與下屬主動行為間起仲介橋樑的作用，而樂觀與韌性的仲介作用未得到有效驗證。研究結果證實了本研究假設H4a、H4b。

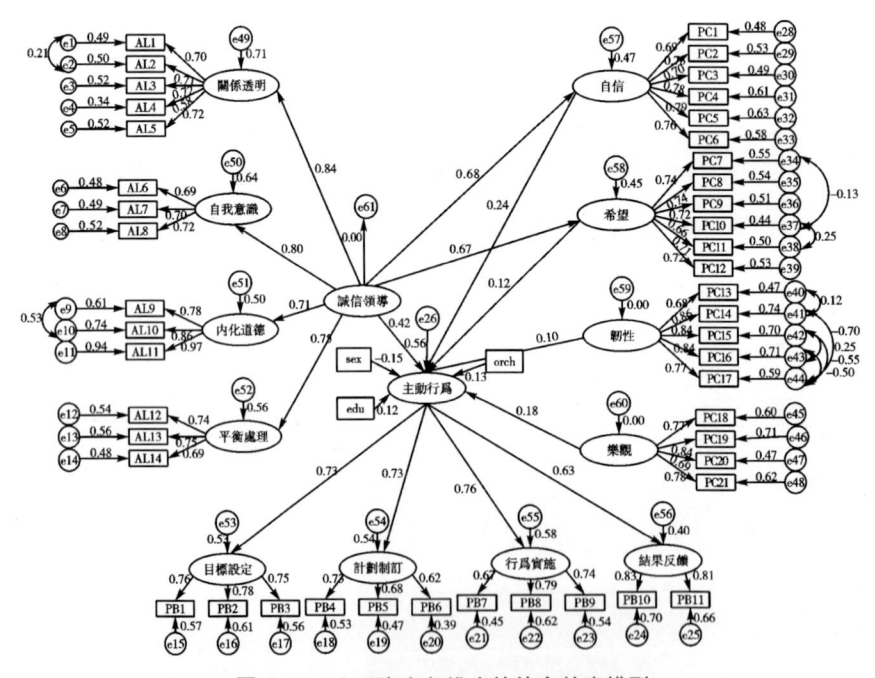

圖5-19　心理資本各維度的仲介效應模型

表5-56　　心理資本各維度的仲介效應擬合指標分析結果

擬合指標	χ^2/df	GFI	AGFI	NFI	CFI	IFI	TLI	RMSEA
	1.593	0.870	0.855	0.865	0.945	0.945	0.941	0.037

表 5-57　　　心理資本各維度的仲介效應參數估計分析結果

			路徑系數	S. E.	C. R.	P
自信	←	誠信領導	0.683	0.071	9.870	***
希望	←	誠信領導	0.669	0.075	9.960	***
主動行為	←	誠信領導	0.416	0.077	4.019	***
主動行為	←	sex	−0.154	0.032	−3.508	***
主動行為	←	edu	0.121	0.020	2.797	*
主動行為	←	orch	0.126	0.015	2.889	*
主動行為	←	自信	0.236	0.053	3.196	**
主動行為	←	希望	0.120	0.048	1.673	*
主動行為	←	韌性	0.095	0.032	2.231	*
主動行為	←	樂觀	0.178	0.028	3.714	***

5.6.4　同事支持感及傳統性的調節效應檢驗

（1）有調節的仲介模型檢驗方法

對於本研究中的同事支持感與傳統性的調節效應，基於前文提到的資源理論對理論模型的推演，同事支持感與下屬傳統性均作為個體資源投資的價值判斷來調節心理資本與主動行為間的關係。不能否認的是，同事支持感與下屬傳統性也有可能因調節誠信領導與下屬心理資本間的關係而出現有仲介的調節模型。但由於本研究的研究重心，即重點考察誠信領導與下屬主動行為之間是否存在仲介效應，其次才考慮仲介過程是否受到干擾或調節。而研究同事支持感與下屬傳統性在誠信領導與下屬心理資本間的調節作用既不符合本研究的理論設計，也有悖於本研究的著眼點，由此，本研究構建了同事支持感與下屬傳統性在誠信領導與下屬主動行為關係中的調節效應模型。

由於本研究的調節效應模型屬於有調節的仲介模型（溫忠麟、張雷、侯杰泰，2006），基於溫忠麟和葉寶娟（2014）對於有調節的仲介模型的檢驗方法和程序，並結合 Edwards 和 Lambert（2007）的綜合調節迴歸分析法（Moderated Regression Analysis），將仲介效應和調節效應納入同一個架構中加以整合分析。

首先，根據理論模型構建同事支持感與傳統性調節效應的迴歸方程。

傳統性調節效應迴歸方程：

$$PB = c_0 + c_1 AL + c_2 TRA + c_3 AL \times TRA + e_1 \quad (5.5)$$

$$PC = a_0 + a_1AL + a_2TRA + a_3AL \times TRA + e_2 \quad (5.6)$$
$$PB = c'_0 + c'_1AL + c'_2TRA + b_1PC + b_2PC \times TRA + e_3 \quad (5.7)$$

同事支持感調節效應迴歸方程：

$$PB = c_0 + c_1AL + c_2CS + c_3AL \times CS + e_1 \quad (5.8)$$
$$PC = a_0 + a_1AL + a_2CS + a_3AL \times CS + e_2 \quad (5.9)$$
$$PB = c'_0 + c'_1AL + c'_2CS + b_1PC + b_2PC \times CS + e_3 \quad (5.10)$$

根據圖 5-20 並結合溫忠麟等（2006）、溫忠麟和葉寶娟（2014）提到的有調節的仲介模型檢驗流程以及本研究理論假設，僅檢驗是否調節後半段路徑。具體步驟與檢驗要求為：第一步，檢驗迴歸方程（5.5）中的 c_1 和 c_3 是否顯著（條件1），這裡檢驗 c_3 可以知道未考慮仲介效應的時候，直接效應是否受到調節；第二步，檢驗方程（5.6）中的 a_1 是否顯著（條件2）；第三步，檢驗方程（5.7）中的系數 b_2 是否顯著（條件3）。若依

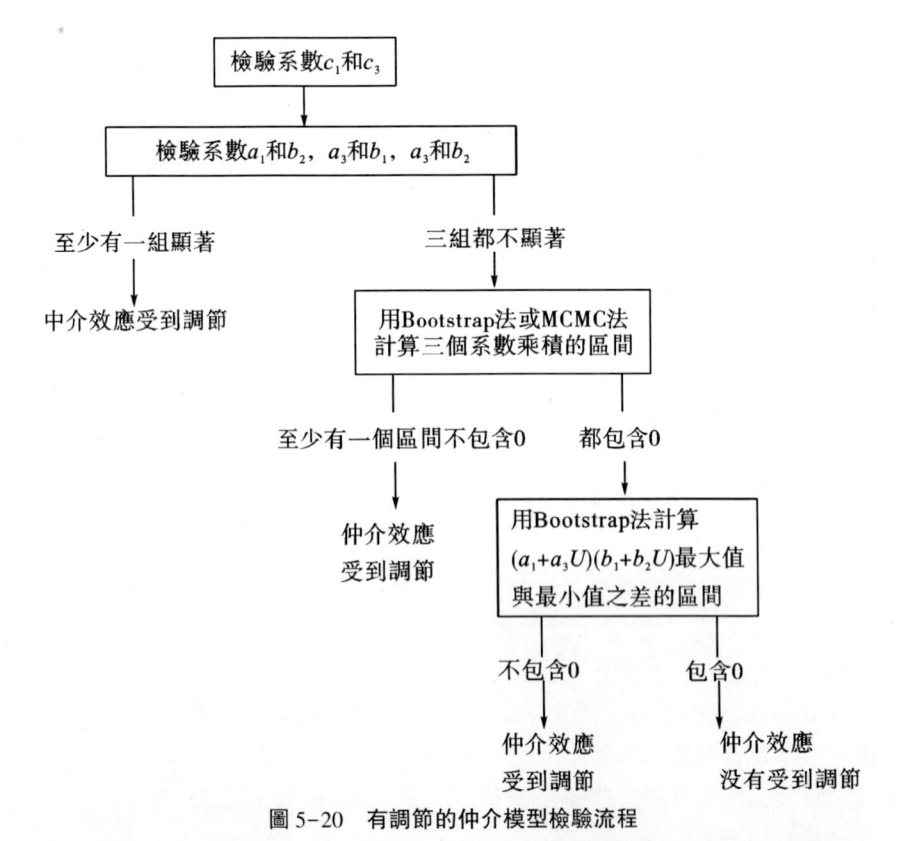

圖 5-20　有調節的仲介模型檢驗流程

資料來源：溫忠麟，張雷，侯杰泰，等. 仲介效應檢驗程序及其應用 [J]. 心理學報，2004，36（5）：614.

次檢驗的結果是顯著的，則保留在模型中，無需重新估計。若檢驗都不顯著，則採用 Bootstrap 法或 MCMC 法對系數乘積進行區間檢驗。如果至少有一組乘積顯著，則仲介效應受到調節，若乘積的區間檢驗結果還不顯著，則採用 Bootstrap 法檢驗仲介效應的最大值和最小值之差。

（2）同事支持感的調節作用分析

如表 5-58 所示，依據上述檢驗步驟與檢驗方法，模型 1 對應第一步驟的檢驗。根據檢驗結果可知，自變量（誠信領導）、調節變量（同事支持感）及自變量與調節變量的乘積（誠信領導與同事支持感乘積）與因變量（主動行為）的迴歸分析中，自變量的標準化迴歸系數為 0.474，在 0.001 的水平上顯著；而誠信領導與同事支持感乘積項的系數並不顯著，說明同事支持感並未直接調節誠信領導與下屬主動行為間的關係，檢驗結果滿足條件 1。其次，模型 2 中自變量（誠信領導）、調節變量（同事支持感）及自變量與調節變量的乘積項（誠信領導與同事支持感的乘積項）與仲介變量（心理資本）的迴歸分析中，自變量的標準化迴歸系數為 0.280，並在 0.01 的水平上顯著，檢驗結果滿足條件 2。最後，模型 3 中自變量（誠信領導）、調節變量（同事支持感）、自變量與調節變量的乘積項（誠信領導與同事支持感的乘積項）、仲介變量（心理資本）、仲介變量與調節變量的乘積項（心理資本與同事支持感的乘積項）與主動行為的迴歸分析中，心理資本與同事支持感的乘積項的系數為 0.095，並在 0.01 的水平上顯著，檢驗結果滿足條件 3。檢驗中各模型的方差膨脹因子（VIF）均在 1~1.1 之間，遠小於臨界值 10，說明各模型中自變量之間不存在多重共線性問題。由此，依次檢驗結果顯著，已經足夠支持所要的結果，說明仲介效應受到了調節。基於本研究來看，數據分析結果支持同事支持感在心理資本與主動行為間的調節作用，研究假設 H5 得到驗證。

表 5-58　同事支持感多層迴歸分析結果

預測變量	模型 1 主動行為	模型 2 心理資本	模型 3 主動行為
性別	-0.150***	-0.096	-0.110**
受教育程度	0.043*	-0.027	0.035
組織性質	0.050**	0.008	0.042*
自變量：AL	0.474***	0.280**	0.252***
調節變量：CS	0.155	-0.189	0.121**
AL×CS	0.008	0.068*	

表5-58(續)

預測變量	模型1 主動行為	模型2 心理資本	模型3 主動行為
仲介變量：PC			0.430 ***
PC×CS			0.095 **
R^2	0.402	0.345	0.533
Adj R^2	0.394	0.337	0.426
F	51.866 ***	40.666 ***	75.416 ***

註：以上數據皆為經過中心化處理後的數據；＊表示 $P < 0.05$，＊＊表示 $P < 0.01$，＊＊＊表示 $P < 0.001$。

（3）傳統性的調節作用分析

如表5-59所示，依據上述檢驗步驟與檢驗方法，模型1對應第一步驟的檢驗。根據檢驗結果可知，自變量（誠信領導）、調節變量（傳統性）及自變量與調節變量的乘積項（誠信領導與傳統性的乘積項）與因變量（主動行為）的迴歸分析中，自變量的標準化迴歸系數為0.471，在0.001的水平上顯著；而誠信領導與傳統性的乘積項的系數並不顯著，說明傳統性並未直接調節誠信領導與下屬主動行為間的關係，檢驗結果滿足條件1。其次，模型2中自變量（誠信領導）、調節變量（傳統性）及自變量與調節變量的乘積項（誠信領導與傳統性的乘積項）與仲介變量（心理資本）的迴歸分析中，自變量的標準化迴歸系數為0.532，並在0.001的水平上顯著，檢驗結果滿足條件2。最後，模型3中自變量（誠信領導）、調節變量（傳統性）、自變量與調節變量的乘積項（誠信領導與傳統性的乘積項）、仲介變量（心理資本）、仲介變量與調節變量的乘積項（心理資本與傳統性的乘積項）與主動行為的迴歸分析中，心理資本與傳統性的乘積項的系數為-0.049，並在0.001的水平上顯著，檢驗結果滿足條件3。檢驗中各模型的方差膨脹因子（VIF）均在1~1.1之間，遠小於臨界值10，說明各模型中自變量之間不存在多重共線性問題。由此，依次檢驗結果顯著，已經足夠支持所要的結果，說明仲介效應受到了調節。基於本研究來看，數據分析結果支持傳統性在心理資本與主動行為間的負向調節作用，研究假設H6得到驗證。

表 5-59　　　　　　　　傳統性多層迴歸分析結果

預測變量	模型 1 主動行為	模型 2 心理資本	模型 3 主動行為
性別	-.155***	-0.099*	-0.110**
受教育程度	0.039*	0.032	0.040*
組織性質	0.047**	0.009	0.057**
自變量：AL	0.471***	0.532***	0.255***
調節變量：TRA	-0.056	-0.036	-0.089***
AL×TRA	-0.012	-0.007	
仲介變量：PC			0.345***
PC×TRA			-0.049***
R^2	0.395	0.340	0.518
Adj R^2	0.387	0.331	0.512
F	50.228***	39.771***	83.078**

註：以上數據皆為經過中心化處理後的數據；* 表示 $P < 0.05$，** 表示 $P < 0.01$，*** 表示 $P < 0.001$.

5.7　本章小結

本章重點對大樣本調研數據進行處理和分析，研究內容重點體現在以下三個方面：一是介紹了大樣本數據採集的原則、樣本來源、抽樣程序及樣本分布情況等；二是對大樣本數據的內在質量進行評估和檢驗，重點針對數據正態性分布、共同方法偏差、缺失數據處理及量表的信度和效度進行評估和檢驗，同時，檢驗人口統計學變量（控制變量）對心理資本（仲介變量）及主動行為（因變量）的影響；三是在保證數據質量的基礎上對第三章理論模型和研究假設進行驗證，包括採用 Pearson 相關分析法分析變量之間的相關關係、利用結構方程模型（SEM）檢驗理論模型中的直接效應和仲介效應、利用分層多元迴歸方法檢驗理論模型中的調節效應等。

6　研究結論與展望

　　本章在理論分析和實證檢驗的基礎上對研究結果進行深入的討論和分析，提出研究的管理實踐啟示，總結存在的不足並對未來的研究進行展望。

6.1　假設檢驗結果匯總

　　本研究假設的結果匯總如表 6-1 所示，在 22 個待驗證的研究假設中，5 個研究假設未得到有效驗證，其餘驗證結果均支持相關研究假設。

表 6-1　　　　　　　　　　假設檢驗結果匯總

假設	假設內容	驗證結果
H1	誠信領導對主動行為有顯著正向影響	支持
H1a	關係透明對主動行為有顯著正向影響	支持
H1b	自我意識對主動行為有顯著正向影響	不支持
H1c	內化道德對主動行為有顯著正向影響	支持
H1d	平衡處理對主動行為有顯著正向影響	支持
H2	誠信領導對心理資本有顯著正向影響	支持
H2a	自我意識對心理資本有顯著正向影響	不支持
H2b	關係透明對心理資本有顯著正向影響	支持
H2c	平衡處理對心理資本有顯著正向影響	支持
H2d	內化道德對心理資本有顯著正向影響	支持
H3	心理資本對主動行為有顯著正向影響	支持
H3a	自信對主動行為有顯著正向影響	支持

表6-1(續)

假設	假設內容	驗證結果
H3b	希望對主動行為有顯著正向影響	支持
H3c	樂觀對主動行為有顯著正向影響	支持
H3d	韌性對主動行為有顯著正向影響	不支持
H4	心理資本在誠信領導與主動行為間起仲介作用	支持
H4a	自信在誠信領導與主動行為之間起仲介作用	支持
H4b	希望在誠信領導與主動行為之間起仲介作用	支持
H4c	樂觀在誠信領導與主動行為之間起仲介作用	不支持
H4d	韌性在誠信領導與主動行為之間起仲介作用	不支持
H5	同事支持感在心理資本與主動行為之間起正向調節作用。同事支持感越強，心理資本與主動行為的正相關關係越強；同事支持感越弱，心理資本與主動行為的正相關關係越弱。	支持
H6	傳統性在心理資本與主動行為之間起負向調節作用。傳統性越高，心理資本與主動行為的正相關關係越弱；傳統性越低，心理資本與主動行為的正相關關係越強。	支持

6.2 結論與討論

6.2.1 驗證了誠信領導能夠有效激發下屬實施主動行為

本研究通過在中國各地區收集實證數據，運用結構方程模型分析、證實了誠信領導對下屬主動行為具有顯著正向影響，影響路徑系數達0.69，顯著性水平為0.000。這也印證了近幾年針對中國組織情景的研究中關於誠信領導的積極作用。例如，謝衡曉（2007）通過對廣東和北京地區的研究發現，誠信領導能夠顯著、正向影響下屬的利他行為；韓翼和楊百寅（2011）通過對電力企業領導及員工的調查也證實了誠信領導能夠正向預測下屬的創新行為；周蕾蕾（2010）在其博士論文中的研究也驗證了誠信領導能夠激發下屬積極實施組織公民行為。隨著主動行為研究及組織內管理實踐的興起，主動行為對組織的積極影響已經得到國外研究的廣泛證實，領導也是影響下屬實施主動行為的重要變量，但對於誠信領導作為一種積極領導風格是否能夠激發下屬的主動性尚缺乏有效的探索研究。本研究對誠信領導與下屬主動行為正向關係的證實可以從兩個方面進行解釋：

首先，從傳統文化角度來看，領導者的思想、行為對下屬所產生的「上行下效」的心理效應。對於管理者的表率作用，孔子曾經提到：「其身正，不令而行；其身不正，雖令不從。」誠信領導高標準的道德準則，積極的心理能力以及其個人品德的「表裡如一」「實事求是」，都將對下屬形成很強的吸引力和影響力，其積極態度和積極行為通過示範作用引起下屬的學習和效仿；而誠信領導對自身修養的重視可以達到「修己安人」的效果。其次，從自我決定理論解釋來看，主動行為來自於個體自我決定產生的內在動機，個體來自於內在興趣或者外部動機的內化整合都有利於促進其實施主動行為。誠信領導積極考慮下屬的願望與需求，關注下屬的發展，支持下屬的自主決策，滿足下屬的 3 項基本心理需要，最終將激發下屬的內部動機進而促進下屬實施主動行為。這也印證了 Avolio 等（2004）提到的誠信領導能更有效地促進下屬進行自我調節進而產生積極的行為結果。

　　對於誠信領導與主動行為的內在聯繫，本研究通過運用結構方程模型探討誠信領導各維度與主動行為兩個構念中的不同維度之間的作用關係，證實了誠信領導各維度中，關係透明、內化道德及平衡處理均對主動行為有顯著的影響，路徑系數分別為 0.43、0.16、0.20，顯著性為 0.000。誠信領導的內在維度中，關係透明對主動行為的影響最為顯著（路徑系數為 0.43，顯著性為 0.000），這印證了前文提到的假設。誠信領導表裡如一，致力於構建與他人之間的誠信關係，鼓勵下屬主動設置工作目標並積極實施，有利於下層實施主動行為。特別是主動行為在實施過程中往往會超越職位邊界，因此，允許下屬理解和權衡主動行為的後果，讓員工明確知道什麼是被鼓勵的會有利於下屬實施主動行為。領導往往是組織或部門的「代言人」，下屬對誠信領導的高度認同也可以提升其對組織的認同及自我認同，進而促進個體外部目標的內部調節，激發下屬的主動性。當然，大部分研究也證實，誠信領導的關係透明維度也有利於下屬和誠信領導建立高質量的領導－成員交換關係，進而促進下屬的工作投入（Ilies et al., 2005）。從本研究來看，依靠關係透明建立起的高質量交換關係中，下屬會將工作主動性作為信任關係中的一種「回報」。誠信領導的內化道德與平衡處理能夠促使誠信領導在高道德標準的指引下，公正無偏地分析各種信息。這能夠為個體實施主動行為提供認知、情感及道德援助，強化個體的自我管理行為。Griffin 等（2007）在界定主動行為時提到，主動行為由於超越職位或角色邊界，實施的情景往往處於不確定性情景中。Avolio 和 Gardner（2005）認為，誠信領導身上的正直可靠及角色清晰對於個體在混

沌的工作情形中實施角色外行為及組織公民行為是非常必要的。但在本研究中，誠信領導的自我意識維度對主動行為的顯著影響未得到有效驗證。誠信領導的自我概念代表著其對內在價值觀的清晰認識和認同程度，但由於本研究對測量誠信領導採用的是下屬評價（他評）的方式，而下屬只能部分瞭解誠信領導的內在自我概念的清晰度。

6.2.2 驗證了心理資本在誠信領導與主動行為間的仲介作用

（1）誠信領導可以有效提升下屬的心理資本

本研究實證結果表明，誠信領導對下屬心理資本具有顯著的正向影響，路徑系數為 0.66，顯著性水平為 0.000。而從誠信領導各維度來看，誠信領導關係透明維度、內化道德維度及平衡處理維度也對心理資本有顯著影響。路徑系數分別為 0.28、0.15 及 0.31。這項研究結果也再次印證了 Avolio 等（2004）和 Rego 等（2012）對誠信領導與下屬心理資本之間關係的研究。

對於這項結果可以從以下方面進行解釋：一是從誠信領導的特徵來看，誠信領導者的真誠、自信、樂觀、充滿希望，可以給予下屬希望、樂觀並提升下屬在應對困境時的韌性（Avolio & Walumbwa，2006）。二是從資源理論來看，Ilies 等（2005）認為誠信領導能夠為下屬構建如智力資源、體能資源和心理資源等資源，以應對消極事件和工作壓力。這些資源，包括工作自主性、自我效能、自尊、內心安定等能夠幫助個體進行自我調節。心理資本作為心理資源的高階形式，誠信領導也能夠賦予下屬這種重要的心理資源。三是依據認知-情感個性系統理論（CAPS），下屬在對誠信領導風格的外部情景的建構和編碼中，誠信領導往往會取得下屬的高度認同，這種以社會認同和個人認同為特徵的編碼策略會影響後續下屬的信心、希望、樂觀、積極情感等心理表徵。這個理論解釋得到了驗證，也印證了在誠信領導與下屬的真實情景中，更容易激活下屬的 CAPS 系統能夠促進下屬的積極行為（孔芳、趙西萍，2010）。四是從誠信領導與心理資本的內部聯繫來看，關係透明與平衡處理對心理資本的影響最為顯著。誠信領導的真實可靠以及給予下屬的建設性反饋可以促使下屬在達成工作目標時更加自信。誠信領導對外界信息的客觀闡述與加工也能讓下屬更自信地與誠信領導互動。清晰的自我概念以及對未來道路的積極遠見能夠為追隨者提供方向感，並賦予追隨者以希望與樂觀預期。誠信領導內涵中的內化道德也可以提升下屬在工作情景中的公平感知及樂觀預期（De Hoogh & Den Hartog，2008）。而誠信領導在面臨困境時展現出來的道德勇氣與道德

韧性也将引起下属的模仿，进而提升下属面对困境时的韧性。

（2）心理资本可以促进个体实施主动行为

本研究实证结果表明，下属心理资本对其主动行为具有显著正向影响，路径系数为0.77，显著性为0.000。这说明了工作场所中具有高度自信、希望、乐观及韧性的个体在工作中的主动性更高。这一研究结果印证了心理资本对组织内部个体态度和行为的积极作用（Luthans，2005）。这一研究结果可以利用资源理论来解释。主动行为作为一种个体的自我调节行为，个体的资源越丰富，其自我调节将越成功（Baumeister，2005）。心理资本是个体重要的心理资源（希望、乐观、韧性、自信）的高阶概念，其对个体进行有效的自我调节将具有显著效果。Sonnentag（2003）及Bolino等（2010）的研究中也提到了工作场所中资源及能量对主动行为的积极影响。从心理资本与主动行为的内在联系来看，自信、希望及乐观对主动行为有显著影响，路径系数分别为：0.39、0.28及0.16，对应的显著性水平为0.000、0.001、0.05。

自信即自我效能。Parker等（2012）将自我效能或角色宽度效能作为个体实施主动行为的重要行为认知驱动机制，简单说，自信的个体往往拥有坚强的信念，他们会主动在工作中为自己设立目标，并选择困难的工作任务；他们迎接挑战，并因挑战而更加强大。而希望往往能够为个体行为的实施提供目标、计划及动力思维。主动行为包含设立内在目标并加以实施的过程，因此，能够拥有达成目标、计划的路径思维及驱动其完成计划的动力不可或缺。高希望的个体在设定主动性目标后，行为路线清晰并具备较强的意志力。主动行为往往会遭到各种挫折，高希望的个体也通常具备足够的毅力去战胜挫折。乐观是对未来结果的积极预期。在实施主动行为的过程中，乐观是帮助个体建立积极预期并寻求积极反馈的重要因素。韧性在这个过程中不可缺少，Frese和Fay（2001）认为主动性要求个体在工作行动过程中需要不断接受挑战，应对障碍，与困难做斗争，因为改变通常一开始都不会实施得很顺利，经常会遇到挫折和失败。但本研究中韧性对主动行为的影响未得到验证。由于韧性代表着个体在面临压力或挫折的情景下的反弹，因此韧性对主动行为的影响应该更多地体现在主动行为的动态变化之中，未来针对主动行为的纵向研究中应特别关注韧性这种自我调节机制发挥的作用。

（3）心理资本在诚信领导与下属主动行为间起部分仲介作用

对于心理资本在诚信领导与下属主动行为间的仲介作用，本研究验证了两点：一方面，心理资本作为整体构念在诚信领导与下属主动行为之间

起仲介作用。也就是說，誠信領導可以通過提升下屬的心理資本進而促進下屬工作中的主動性，即誠信領導通過賦予下屬自信、希望、樂觀及韌性等積極心理資源，促進下屬實施主動行為。以往的研究主要將個體的認知動機作為其實施主動行為的仲介機制，本研究則從資源理論及 CAPS 理論出發進行探討。從資源理論來看，誠信領導能夠賦予下屬在主動實施目標調節過程中的重要心理資源，下屬會將這種資源進行轉化從而可以抵禦消極結果或產生正面結果。從資源保存視角來看，個體從誠信領導那裡獲取資源投資於主動行為以產生更有價值的資源（績效、愉悅的心理感受等）。這一創新結論有堅實的理論基礎，證實了心理資源與能量對個體實施主動行為並產生業績的重要作用，也符合近年來針對工作場所中個體的能量及能量恢復的積極效果的研究趨勢（Sonenshein，2014；Lian et al.，2014；Debus et al.，2014）。而從 CAPS 理論來看，主動性及主動行為代表著個體的潛能，激活個體的自我效能、目標、積極情緒對於個體潛能的激活非常重要。另一方面，考慮到心理資本各維度的獨特性及其內在聯繫，本研究還分別對心理資本各維度的仲介效應進行了驗證。研究結果顯示，自信維度與希望維度在誠信領導與下屬主動行為間起到的仲介作用最為顯著。值得注意的是，雖然本研究中心理資本的某一項心理資源具有顯著的仲介作用，但是由於心理資本各維度間依然存在著一定的協同及因果關係（田喜洲、謝晉宇，2010），在整體分析各維度仲介效應時，各維度之間的相互抑制也妨礙了仲介效應的實現。而從本研究對主動行為的界定來看，主動行為作為目標調節行為，能夠幫助個體設定目標及實現路徑的希望，以及驅動個體去加以實施的自信顯得尤為重要，而樂觀與韌性雖然也能夠起到一定的作用，但卻往往需要在動態的過程中得以體現。

6.2.3　驗證了同事支持感在心理資本與主動行為間的調節作用

（1）同事支持感對主動行為的影響的實證檢驗結果分析

本研究證實了同事支持感與主動行為之間有顯著的正相關關係（$\beta = 0.214$，$p<0.001$）。主動行為在不確定的情景下實施，在實施過程中的時間、地點及方式也具有高度的不確定性，這往往使得主動行為會超越個體在組織的職位邊界甚至角色邊界，缺乏同事的認可和支持，甚至無法與同事建立可信賴的關係。主動行為可能會遭遇到同事的錯誤歸因，被認為是「出風頭」或者「多管閒事」，特別是在集體主義文化中，維持人際和諧是個體在實施主動行為時需要考慮的因素。從資源角度來看，組織中的人際支持（領導、同事、客戶）是重要的基礎性資源。Bolino 等（2010）也認

為，主動行為的資源依賴性將可能導致人際關係的緊張。因此，這項結論證實了同事間的人際支持將有利於個體實施主動行為。

（2）同事支持感的調節作用的實證檢驗結果分析

本研究表明，同事支持感能夠影響心理資本與下屬主動行為之間的關係，即同事支持感越強，心理資本對主動行為的正向影響就越大；同事支持感越弱，心理資本對主動行為的正向影響便越小。誠信領導雖然可以通過賦予下屬心理資本進而激發下屬工作中的主動性，但這個仲介過程將會受到同事支持感的調節。也就是說，當同事支持感較強時，這種資源信號意味著其心理資本將更有利於主動性目標的設定與達成，從而獲取更豐富的資源。而當同事支持感較弱時，同事認為主動行為是出風頭的表現，對喜歡實施主動行為的員工敬而遠之，個體心理資本與主動行為之間的關係將被弱化。而從自我決定理論來看，同事支持感的強弱影響著心理資本這種積極心理狀態的作用。

6.2.4　驗證了傳統性在心理資本與主動行為間的調節作用

（1）傳統性對主動行為的影響的實證檢驗結果分析

本研究證實了傳統性與主動行為有顯著的負相關關係（$\beta = -0.228$，$p < 0.001$）。這意味著，中國的傳統價值取向會對個體的主動行為產生消極影響，高傳統性的員工在工作中將缺乏主動性，其較高的承諾體現在高度的忠誠和依隨。而傳統性較低的員工對上下級地位差異的敏感性較低，遵從權威的觀念也比較淡薄，主動性較高。這項研究結果也驗證了傳統性代表的獨特的認知態度和行為模式對個體行為的影響。

（2）傳統性的調節作用的實證檢驗結果分析

本研究證實了傳統性能夠影響心理資本與主動行為之間的關係，即下屬的傳統性越強，心理資本對主動行為的正向影響越小；而下屬的傳統性越弱，心理資本對主動行為的正向影響越大。這個結論與中國的社會文化背景是契合的。在中國的傳統家庭和社會中，中國人在日常生活中的傳統價值觀會滲透到組織中。本研究證實了高傳統性個體具有保守思想的特徵。個體即使能夠通過誠信領導獲取較高的心理資源，也不願意嘗試主動設定工作目標去控製甚至改變外界環境，因為這樣將可能導致資源的損耗。即誠信領導雖然可以提升下屬心理資本進而激發下屬實施主動行為，但高傳統性的個體認為威脅同事利益甚至可能引起同事不快的主動行為將降低整體資源水平，進而較少實施主動行為。而低傳統性個體在資源投資價值判斷中較少持有自保守成的價值觀念，在獲取了心理資源後能夠「投

資」於主動行為以獲取更豐富的資源。從整體的作用機制來看，本研究證實了下屬的傳統性將調解心理資本與主動行為之間的關係進而間接影響誠信領導與主動行為之間的關係。

6.2.5 驗證了人口統計變量對主動行為的影響

本研究檢驗了人口學統計變量對各變量的影響，通過獨立樣本 T 檢驗和方差分析發現，性別、受教育程度、組織性質對各變量及維度的影響有顯著差異。從性別來看，男性較女性的工作主動性更強；而對於受教育程度，不同學歷員工的主動行為存在顯著差異，碩士及以上學歷的員工的主動性更強；從組織性質來看，非國有部門與國有部門員工的主動性也存在顯著差異，非國有部門員工的主動性更強。

6.3 管理啟示與建議

通過對誠信領導對下屬主動行為影響機理的理論與實證研究，本研究希望能給企業管理實踐帶來一定啟示。

6.3.1 轉變領導者的領導風格，開發誠信領導方式

美敦力公司總裁 George 首次提出誠信領導並認為誠信領導是建立經久不衰組織的關鍵。而在中國現階段，一些企業領導者誠信缺失，這不僅影響了企業形象，而且對社會公信力產生了消極影響。因此，現階段對企業內部誠信領導的開發與培養意義重大。基於本研究對誠信領導的分析，企業對誠信領導的開發應該重視以下三個方面：

一是誠信領導的選拔與測評機制。企業或管理諮詢機構可以從誠信領導的內在結構出發開發管理實踐中誠信領導的選拔和測評問卷，選拔可以採用公文筐測試、情景測試、試聽傳達、無領導小組討論等方式進行。採用自評與他評相結合的方式以測評企業領導是否具有較高的道德水平及是否能夠做到言行一致，恪守承諾。誠信屬於道德範疇，在傳統的「德、能、勤、績」的領導選拔考核標準中要突出「德」的重要性。

二是誠信領導的培訓機制。首先，自我意識的提升是誠信領導力的基礎，因此可以基於 May 等（2003）關於誠信領導的道德開發模型提升誠信領導的自我意識水平，通過有關道德責任、道德困境的討論和自我反省以

提升其道德勇氣與道德能力，堅定其踐行誠信的決心。通過對管理層開展敏感性訓練以提升誠信領導的自我真實性。領導者的自我意識培訓可以採用自我意識記錄法及敏感性訓練方法。自我意識記錄主要是領導者在一段時間內有意識地記錄自己的情緒、認知、體驗，並通過回看記錄的形式進行內省。領導者的敏感性訓練可以通過領導者與家人、上級、下級及朋友懇談的形式徵求外界對其自我概念的看法和意見，通過自我驗證的方式達到對內和對外的真實。其次，開發領導者的誠信決策能力，提升領導者決策的言行一致、前後一致以及決策的穩定性和持續性，以取得下屬的信任。再次，開發領導者的心理資本。誠信領導對外界開放並具備積極的心態，因此企業可以通過一定方式開發管理者積極的心態與堅定的信念，這樣才能夠促使領導在面臨外界質疑與壓力的情景下依然能實事求是，在管理情景中以真實性為原則。最後，提升領導者與下屬構建誠信關係的能力。可以通過提升領導者的共情能力強化領導者與下屬的信任關係，如傾聽和留意下屬的想法和態度並進行換位思考、理解對方的信念和態度而非簡單地評論和排斥、分享必要的信息或經驗或資源以降低下屬的工作壓力、強化面對面交流以降低虛擬信任、開發協作性目標與共同努力方案以強化與下屬的合作行為。

三是建立與完善企業內部誠信製度。建立企業內部領導誠信行為準則，嘗試建立企業管理者工作日誌製度以及誠信檔案製度以完善對領導者的監督。完備的製度環境更有利於誠信領導作用的發揮，也有利於督促企業管理者立身以誠，行事以信。

6.3.2 推行員工能量管理計劃，開發員工的心理資本

從本書的理論與實證研究來看，資源或能量是員工實施主動行為、進行自我調節的關鍵，但從目前的情況來看，傳統的人力資源管理將管理的重點鎖定為員工的時間管理，這種管理的出發點屬於對員工的「靜態管理」，員工為完成工作職責，往往需要加班加點來完成繁重的工作任務。但工作場所中的員工的熱情、態度、情緒均屬於動態因素，若未考慮這些動態心理因素，必將導致員工的工作積極性降低、精力渙散甚至離職率居高不下。這些動態因素都可以被認定為是員工在工作場所中的能量或資源，這種管理視角在理論和實踐上已經逐漸吸引人們的關注。如索尼公司推行能量計劃（Energy Project）以幫助管理者建立良好的習慣，科學地管理他們的能量。因此，首先中國企業也應適時推出以心理資本、積極情緒、工作意義感、自我管理能力、工作生活平衡等為主要內容的能量管理

計劃，著眼點從「向員工索取更多」轉移到「為員工付出更多」。這樣，他們才會鼓足干勁，才能為每天的工作投入更多。其次，心理資本是員工工作場所中的「核心能量」，提升員工的心理資本已被成功地運用於企業內的人力資源管理實踐中。

本研究認為提升員工的人力資本應重視以下四點：一是開發員工的自我效能和自信。典型措施如賦予員工充足的工作資源、增強其崗位競爭意識，從而使員工為了不斷地進步與提升，甚至為不被淘汰而不斷奮發進取；建立一系列培訓和開發項目，通過觀察或觀摩與自己背景和情形相似的人在持續努力後獲得成功的社會示範效應，從而幫助雇員形成作為心理資本的信心；通過領導對員工的評價、暗示及勸導進行生理和心理的喚醒。二是開發員工的希望。明晰個體的工作與職業生涯目標，包括構建目標體系、階段性目標及實施計劃。投資和支持員工目標的達成，如為工作目標提供激勵措施、為職業發展目標提供培訓支持與職業生涯路徑。三是開發員工的樂觀。向員工傳遞積極信息反饋，讓員工學會重新組織和接受自己過去的失敗、錯誤和挫折，強化員工的積極心態。強化組織學習，幫助員工尋求職業生涯發展機遇，並幫助其以積極、自信的心態對待職業生涯中的不確定性。四是開發員工的韌性。可以通過開發員工的自我意識，讓員工對自己的技能、社會網路有充分的認知，促使員工在面對挫折時有足夠的能力應對，從而增強其韌性。同時，建立員工的職業價值信仰。這能夠使員工在面臨工作、職業挑戰時發揮其價值判斷的基礎作用，按照自己的職業信仰與道德觀行事，促進其韌性的提升。

6.3.3 充分利用員工的傳統性，實施多樣化管理措施

企業的管理者在管理過程中應該充分關注傳統文化對企業管理的作用。本研究證實了員工的價值觀在領導風格與下屬主動行為之間起調節干擾的作用，這意味著傳統性不同的員工對領導行為的感知是不同的。該結論與中國的社會文化背景是相契合的。因此，在企業管理實踐中，需要將文化價值觀因素考慮在內，充分認識不同員工的特殊性，對員工進行分類管理。高傳統性的員工會傾向於克制自己並服從上級，等待上級指令，在工作中的主動性較低；而低傳統性的員工可能會在完成自己本職工作的同時超越角色邊界，工作中的主動性較高。對於這種情況，本研究建議企業應該在充分理解傳統文化的基礎上，逐漸推行以員工為導向的開放型企業文化，從企業製度、文化方面建立領導與下屬的溝通反饋機制，對組織結構進行扁平化改造以減少層級帶來的權力距離，並推行人力資源角色管理

從而促使高傳統性的員工實施主動行為。而對於低傳統性的員工，企業應為員工提供良好的組織環境，有針對性地加強對員工的培訓和指導，以促進其有效地實施主動行為。

6.3.4 逐步建立基於角色定位的人力資源管理製度

傳統的人力資源管理主要基於員工的職位說明書，員工的工作模式是消極、被動的任務模式。很顯然，隨著外界環境的急遽變化及組織結構的扁平化，這種人力資源管理模式越來越不適應外界的不確定性。企業應逐漸推廣職位的角色管理製度。

第一，由於主動行為實施的時間、地點、方式、頻率、對象都具有較強的不確定性，傳統的職責範圍對個體實施主動行為已經形成了剛性約束，因此可以將工作說明書中的職責範圍明確為工作角色範圍。角色範圍包含著剛性的工作任務和彈性的工作任務擴展及職業勝任能力，這能夠幫助個體在整合自身興趣、能力的前提下進行彈性定位，並在個體角色匹配的前提下增強其工作主動性。第二，增強工作主動性並賦予下屬更多的工作資源。角色的擴展意味著責任的擴充，依照責權利對應原則和能級匹配原則，在擴充角色邊界的同時應賦予下屬更多的權限，如建立內部員工董事製度，鼓勵員工參與公司內部治理。第三，針對角色說明書強化企業的培訓體系。從職責擴展到角色意味著能力的提升，研究中已證實個體在工作中實施主動行為需要結合一定的知識、能力、經驗等因素，因此，企業應通過實施工作擴大化、工作豐富化及工作輪換製度提升個體的縱向能力（管理能力、組織能力、領導力）和橫向能力（跨職位相關能力）。賦予員工實施主動行為的能力才能提升其實施主動行為的信心和希望。第四，對於員工的績效管理，應該重點強化員工的角色目標的設定。目標的設定應在企業與員工之間進行有效的溝通，被員工接納或吸收的目標是員工自我管理及實施主動行為的關鍵，企業應該在目標的實施計劃上對員工加以輔導，增加目標對員工的驅動效果。第五，企業應該加強企業文化建設。員工對企業的認同、責任感往往成為其實施主動行為的理由，因此，企業文化中應貫徹關懷、尊重、參與、信任等人文理念，通過內部文化的宣傳和引導，提升員工對職業、對企業的工作熱情，增強其工作主動性和奉獻敬業精神。

6.3.5 倡導團隊合作精神，構建信任型組織氛圍

個體在實施主動行為的過程中，往往會超越其工作職責邊界，在缺乏

合作及信任的團隊或組織中，這將遭到同事的錯誤歸因或排擠，進而導致組織內不僅工作主動性低，而且會出現責任分擔的旁觀者效應。強化組織內團隊合作與信任關係應注意以下兩點：一是強化組織內正式溝通製度建設。開展部門群體或者小組討論活動，及時傳遞部門的相關信息，及時交流工作經驗和工作心得，鼓勵員工共享知識經驗。構建工作分歧的協調和化解機製及員工申訴製度，及時化解組織內的人際矛盾。二是構建企業的信任型組織氛圍。在缺乏信任的人際氛圍中，個體會耗費大量的精力進行自我保護，這必將嚴重損耗員工的工作效率和精力，而人際間的信任氛圍更有利於員工實施主動行為。

6.4 研究局限與展望

誠信領導與下屬主動行為關係依然是組織行為研究的前沿。本研究探討了誠信領導對主動行為的影響機理，為該領域研究做了一定的拓展，對企業的管理實踐具有重要的指導意義。但由於研究過程中精力和時間有限，難免存在一些局限性，具體的局限主要體現在以下三個方面：一是在樣本數據方面，樣本來源依然不夠廣泛，樣本數量有限，不能完全消除同源偏差。測量問卷完全由員工填寫，可能存在社會讚許性問題。當然，數據採用橫截面數據在方法上也具有一定的缺陷。二是在研究方法方面，本研究採用結構方程模型對仲介效應進行檢驗，而對有調節的仲介模型則採用溫忠麟（2014）提到的一次檢驗的方法，雖然已經足夠支持所要的結果，但未做到方法上的統一也可能對結果產生一定的影響。三是在理論模型的建構及變量的選取上，本研究僅根據理論及研究的需要進行了分析，可能與實踐存在一定的差異，這也可能造成一定的研究偏差。

本研究尚存在一些局限性，還有許多方面有待於進一步的研究和探討。

6.4.1 完善誠信領導與主動行為的測量方式

誠信領導與主動行為均是在西方文化背景下發展起來的構念。對於誠信領導的構念來說，雖然 Walumbwa 等人（2008）編制了誠信領導測量問卷，並在中國的情景中取得了一定的信度和效度，但中國的傳統對誠信的理解與西方存在一定的差異。誠信本身是各種文化背景下都無法迴避的，

而在不同文化背景下的學者對誠信領導內涵的理解存在一定的差異（Zhang et al., 2012）。特別是對於誠信領導到底是一種特質、行為方式還是領導風格的問題仍有待釐清。例如，在中國當前背景下，誠信領導的內涵不僅要包括實事求是、高尚品德等內在要求，還應該包含遵紀守法、循規蹈矩等要素。這是因為在中國現階段，誠信領導應該首先遵照政府的法律法規及規章製度，遵守社會公德，這樣才能以身作則，起到榜樣作用。此外，在中國儒家文化背景中，仁慈、寬容是下屬認可的重要領導品質，誠信領導是否兼具這些特徵有待未來進行深入的探究。另一方面，主動行為代表著個體在工作場所中的積極行為，由於對主動行為的界定不同，主動行為內涵的邊界如何有效地確定，這也有待於未來進行深入探究。主動行為界定的差異也導致主動行為的測量方式存在較大差異。本研究選取Bindl 和 Parker（2011）的主動性目標調節過程進行測量，這也是該方法首次應用於中國的情景之中。從更深層次來看，在中國高權力距離與集體主義文化中，個體含蓄、內斂。由此，中國文化背景下的主動性與西方情景下的主動性存在一定的差異，未來的研究仍有必要通過訪談和質性研究，重新審視主動行為的內涵與測量方式，為後續的研究做好鋪墊。

6.4.2 對誠信領導及主動行為進行縱向研究

本研究採用的是橫截面研究，但誠信領導對下屬的影響是領導與下屬的互動過程，而主動行為也是主動性目標調節的過程。因此，從動態的視角對兩者進行研究可能更能反應兩者之間的關係。通過縱向跨期研究兩者之間的關係也符合現今的研究發展趨勢。特別是針對主動行為，個體會設定哪些主動性目標，在行動的策略上會有哪些差異，可以從調節定向理論入手探索不同調節定向對主動行為的影響。由此，未來的研究有必要對誠信領導及主動行為進行縱向的跟蹤研究以反應誠信領導與主動行為的動態關係。

6.4.3 拓展誠信領導與主動行為的後效研究

誠信領導對下屬態度、主動行為的積極影響已得到了廣泛的驗證及一致認可。但現階段仍然缺乏誠信領導對組織的影響的研究，例如，誠信領導是否可以帶動誠信型組織或提升組織的公信力？誠信領導是否可以有效地提升組織的社會責任感？同時，誠信領導效能的發揮受到外界因素的制約程度也值得深入探究，如組織權力、組織文化及組織結構等情景因素是否對誠信領導效能的發揮起到促進或抑製作用。而對於主動行為，已有的

研究已經證實主動行為對組織績效的積極影響，但組織內的主動行為也存在一定的消極影響，如員工的主動行為可能會被其上司視為對自身的一種威脅而被認為是對部門甚至企業業績的「晃動船只」（Rocking the Boat）（Grant，2007）。個體的主動行為是否對團隊或者企業的業績產生顯著的影響以及是否受到組織情景的影響也值得進行深入的探究。

6.4.4　誠信領導與主動行為的跨層次研究

本研究探討的領導對下屬主動行為的影響主要選取了員工的直接上司，但並未涉及員工直接主管到高管 2~5 個不同層級的領導者，而 Detert 和 Trevioo（2010）認為企業內部員工的行為會受到企業不同層級領導（包含高管到直接主管層次）的影響。特別是在現階段，企業存在著多層級組織結構，多個層級的領導風格對員工的主動性的影響將存在著一定的差異。同時，現階段研究依然較少涉及團隊層面的主動行為，但從實踐情況來看，團隊層面的主動行為可能對組織績效影響更為顯著。因此，未來也有必要探究團隊層面的主動行為的內在機制。

6.5　本章小結

本章重點對研究結果進行了細緻的分析和闡釋，對本研究中已被驗證的假設進行討論和分析，而對於未得到驗證的假設也進行了分析和解釋。在研究結論的基礎上，本研究分別就轉變領導風格、提升員工的主動性給出了管理措施和建議。最後，本研究指出了研究存在的不足並對未來的研究進行了展望。

參考文獻

[1] Avey J B, Patera J L, West B J. The implications of positive psychological capital on employee absenteeism [J]. Journal of leadership & organizational studies, 2006, 13 (2): 42-60.

[2] Avolio B J, Gardner W L, Walumbwa F O, et al. Unlocking the mask: a look at the process by which authentic leaders impact follower attitudes and behaviors [J]. The leadership quarterly, 2004, 15 (6): 801-823.

[3] Avolio B J, Luthans F, Walumbwa F O. Authentic leadership: theory building for veritable sustained performance [R]. Lincdn: Gallup Leadership Institute, University of Nebraska-Lincoln, 2004.

[4] Avolio B J, Gardner W L. Authentic leadership development: getting to the root of positive forms of leadership [J]. The leadership quarterly, 2005, 16 (3): 315-338.

[5] Bandura A. Social learning theory [M]. Upper Saddle River: Prentice-Hall, 1977.

[6] Bass B M. Leadership and performance beyond expectations [M]. New York: Free Press, 1985.

[7] Bass B M, Avolio B J. Transformational leadership and organizational culture [J]. Public administration quarterly, 1993: 112-121.

[8] Bateman T S, Crant J M. The proactive component of organizational behavior: a measure and correlates [J]. Journal of organizational behavior, 1993, 14 (2): 103-118.

[9] Baumeister R F. Ego depletion, the executive function, and self-control: an energy model of the self in personality [J]. American Psychological Association, 2001: 299-316.

[10] Baumeister R F. Ego depletion and self-control failure: an energy

model of the self's executive function [J]. Self and identity, 2002, 1 (2): 129-136.

[11] Berman E M, West J P, Richter J M N. Workplace relations: friendship patterns and consequences (according to managers) [J]. Public administration review, 2002, 62 (2): 217-230.

[12] Bindl U K, Parker S K. Investigating self-regulatory elements of proactivity at work [R]. Sheffield: Institute of Work Psychology, University of Sheffield, 2009.

[13] Bindl U K, Parker S K, Totterdell P, et al. Fuel of the self-starter: how mood relates to proactive goal regulation [J]. Journal of applied psychology, 2012, 97 (1): 134.

[14] Borman W C, Buck D E, Hanson M A, et al. An examination of the comparative reliability, validity, and accuracy of performance ratings made using computerized adaptive rating scales [J]. Journal of applied psychology, 2001, 86 (5): 965

[15] Brown M E, Treviño L K. Ethical leadership: a review and future directions [J]. The leadership quarterly, 2006, 17 (6): 595-616.

[16] Burris E R, Detert J R, Chiaburu D S. Quitting before leaving: the mediating effects of psychological attachment and detachment on voice [J]. Journal of applied psychology, 2008, 93 (4): 912.

[17] Chan D. Interactive effects of situational judgment effectiveness and proactive personality on work perceptions and work outcomes [J]. Journal of applied psychology, 2006, 91 (2): 475-481.

[18] Clapp-Smith R, Vogelgesang G R, Avey J B. Authentic leadership and positive psychological capital: the mediating role of trust at the group level of analysis [J]. Journal of leadership and organizational studies, 2009 (15): 227-240.

[19] Cole K. Wellbeing, psychological capital, and unemployment: an integrated theory [J]. Unprinted paper, 2006.

[20] Cooper C D, Scandura T A, Schriesheim C A. Looking forward but learning from our past: potential challenges to developing authentic leadership theory and authentic leaders [J]. Leadership quarterly, 2005 (16): 475-493.

[21] Crant J M. Proactive behavior in organizations [J]. Journal of management, 2000, 26 (3): 435-462.

［22］Crawshaw J R, Van Dick R, Brodbeck F C. Opportunity, fair process and relationship value: career development as a driver of proactive work behaviour ［J］. Human resource management journal, 2012, 22（1）: 4-20.

［23］Deci E L, Ryan R M. The support of autonomy and the control of behavior ［J］. Journal of personality and social psychology, 1987, 53（6）: 1027-1037.

［24］Deci E L, Ryan R M. Intrinsic motivation and self-determination in human behavior ［M］. New York: Plenum Publishing, 1985.

［25］Demerouti E, Bakker A B, Bulters A. The loss spiral of work pressure, work-home interface and exhaustion: reciprocal relations in a three-wave study ［J］. Journal of vocational behavior, 2004（64）: 131-149.

［26］Den Hartog D N, Belschak F D. When does transformational leadership enhance employee proactive behavior? the role of autonomy and role breadth self-efficacy ［J］. Journal of applied psychology, 2012, 97（1）: 194.

［27］Detert J R, Burris E R. Leadership behavior and employee voice: is the door really open? ［J］. Academy of management journal, 2007, 50（4）: 869-884.

［28］Edmondson A C. Psychological safety and learning behavior in work teams ［J］. Administrative science quarterly, 1999, 44（2）: 350-383.

［29］Edwards J R, Lambert L S. Methods for integrating moderation and medation: a general analytical framework using moderated path analysis ［J］. Psychological methods, 2007（12）: 1-22.

［30］Etzion D. Moderating effect of social support on the stress-burnout relationship ［J］. Journal of applied psychology, 1984, 69（4）: 615.

［31］Farh J L, Earley P C, Lin S C. Impetus for action: a cultural analysis of justice and organizational citizenship behavior in Chinese society ［J］. Administrative science quarterly, 1997（42）: 421-444.

［32］Farh J L, Hackett R D, Liang J. Individual-level cultural values as moderators of perceived organizational support-employee outcome relationships in China: comparing the effects of power distance and traditionality ［J］. Academy of management journal, 2007（50）: 715-729.

［33］Fay D, Frese M. The concept of personal initiative: an overview of validity studies ［J］. Human performance, 2001, 14（1）: 97-124.

［34］Fay D, Sonnentag S. A look back to move ahead: new directions for research on proactive performance and other discretionary work behaviours [J]. Applied psychology, 2010, 59 (1): 1-20.

[35] Fredrickson B L. The role of positive emotions in positive psychology: the broaden-and-build theory of positive emotions [J]. American psychologist, 2001, 56 (3): 218.

[36] Frese M. The word is out: we need an active performance concept for modern workplaces [J]. Industrial and organizational psychology: perspectives on science and practice, 2008, 1 (1): 67-69.

[37] Frese M, Fay D. Personal initiative: an active performance concept for work in the 21st century [J]. Research in organizational behavior, 2001, 23: 133-187.

[38] Frese M, Garst H, Fay D. Making things happen: reciprocal relationships between work characteristics and personal initiative in a four-wave longitudinal structural equation model [J]. Journal of applied psychology, 2007, 92 (4): 1084.

[39] Frese M, Kring W, Soose A, et al. Personal initiative at work: differences between east and west germany [J]. Academy of management journal, 1996, 39 (1): 37-63.

[40] Frese M, Plüddemann K. Umstellungsbereitschaft im osten und westen deutschlands [readiness to change at work in east and west germany] [J]. Zeitschrift fuer sozialpsychologie, 1993, 24: 198-210.

[41] Fritz C, Sonnentag S. Antecedents of day-level proactive behavior: a look at job stressors and positive affect during the workday [J]. Journal of management, 2009, 35 (1): 94-111.

[42] Fry L W. Toward a theory of spiritual leadership [J]. The leadership quarterly, 2003, 14 (6): 693-727.

[43] Fuller J B, Marler L E, Hester K. Promoting felt responsibility for constructive change and proactive behavior: exploring aspects of an elaborated model of work design [J]. Journal of organizational behavior, 2006, 27 (8): 1089-1120.

[44] Fuller J B, Marler L E, Hester K. Bridge building within the province of proactivity [J]. Journal of organizational behavior, 2012, 33 (8): 1053-1070.

[45] Gardner W L, Cogliser C C, Davis K M, et al. Authentic leadership:

a review of the literature and research agenda [J]. Leadership quarterly, 2001 (22): 1120-1145.

[46] George B. Authentic leadership: rediscovering the secrets to creating lasting value [M]. Hoboken: John Wiley & Sons, 2003.

[47] George B. True north: discover your authentic leadership [M]. Hoboken: John Wiley & Sons, 2007.

[48] George J M, Zhou J. Dual tuning in a supportive context: joint contributions of positive mood, negative mood, and supervisory behaviors to employee creativity [J]. Academy of management journal, 2007, 50 (3): 605-622.

[49] Goldsmith A H, Veum J R, Darity W. The impact of psychological and human capital on wages [J]. Economic inquiry, 1997, 35 (4): 815-829.

[50] Gong Y, Cheung S Y, Wang M, et al. Unfolding the proactive process for creativity integration of the employee proactivity, information exchange, and psychological safety perspectives [J]. Journal of management, 2012, 38 (5): 1611-1633.

[51] Grant A M, Ashford S J. The dynamics of proactively at work: lessons from feedback seeking and organizational citizenship behavior research [C] //B M Staw, R M Sutton. Research in organizational behavior. Amsterdam: Elsevier Science, 2008: 3-34.

[52] Grant A M, Ashford S J. The dynamics of proactivity at work [J]. Research in organizational behavior, 2008, 28: 3-34.

[53] Grant A M, Rothbard N P. When in doubt, seize the day? security values, prosocial values, and proactivity under ambiguity [J]. Journal of applied psychology, 2013, 98 (5): 810.

[54] Griffin M A, Neal A, Parker S K. A new model of work role performance: positive behavior in uncertain and interdependent contexts [J]. Academy of management journal, 2007, 50 (2): 327-347.

[55] Hackman J R, Oldham G R. Motivation through the design of work: test of a theory [J]. Organizational behavior and human performance, 1976, 16 (2): 250-279.

[56] Halbesleben J R B, Harvey J, Bolino M C. Too engaged? a conservation of resources view of the relationship between work engagement and work interference with family [J]. Journal of applied psychology, 2009, 94 (6): 1452-1465.

[57] Halbesleben J R B. The role of exhaustion and workarounds in predicting occupational injuries: a cross-lagged panel study of health care professionals [J]. Journal of occupational health psychology, 2010, 15 (1): 1.

[58] Halbesleben J R B, Neveu J P, Paustian-Underdahl S C, et al. Getting to the 「COR」: understanding the role of resources in conservation of resources theory [J]. Journal of Management, 2014, 40 (5): 1334-1364.

[59] Halbesleben J R B, Wheeler A R. To invest or not? the role of coworker support and trust in daily reciprocal gain spirals of helping behavior. [J]. Journal of management, 2015, 41 (6): 1628-1650.

[60] Hannah S T, Walumbwa F O, Fry L W. Leadership in action teams: team leader and members' authenticity, authenticity strength, and team outcomes [J]. Personal psychology, 2011, 64: 771-802.

[61] Hannah S T, Avolio B J, Walumbwa F O. Relationships between authentic leadership, moral courage, and ethical and pro-social behaviors [J]. Business ethics quarterly, 2011, 21: 555-578.

[62] Harackiewicz J M, Hulleman C S. The importance of interest: the role of achievement goals and task values in promoting the development of interest [J]. Social and personality psychology compass, 2010 (4): 42-52.

[63] Harter S, Snyder C S, Lopez S J. Handbook of positive psychology [M]. Oxford: Oxford University Press, 2002: 382-394.

[64] Hobfoll S E. Conservation of resources: a new attempt at conceptualizing stress [J]. American psychologist, 1989, 44: 513-52.

[65] Hobfoll S E. Social and psychological resources and adaptation [J]. Review of general psychology, 2002, 6 (4): 307.

[66] Hosen R, Solovey-Hosen D, Stern L. Education and capital development: capital as durable personal, social, economic and political influences on the happiness of individuals [J]. Education, 2003, 123 (3): 496-513.

[67] Hsiung H H. Authentic leadership and employee voice behavior: a multi-level psychological process [J]. Journal of business ethics, 2012, 107 (3): 349-361.

[68] Hui C, Lee C, Rousseau D M. Psychological contract and organizational citizenship behavior in China: investigating generalizability and instrumentality [J]. Journal of applied psychology, 2004, 89 (2): 311.

[69] Hunter J E, Schmidt F L. Intelligence and job performance:

economic and social implications [J]. Psychology Public Policy & Law, 1996, 2 (3): 447-472.

[70] Ilies R, Morgeson F P, Nahrgang J D. Authentic leadership and eudaemonic well-being: understanding leader-follower outcomes [J]. Leadership quarterly, 2005, 16 (3): 373-394.

[71] Isen A M. An Influence of positive affect on decision making in complex situations: theoretical issues with practical implications [J]. Journal of consumer psychology, 2001, 11 (2): 75-85.

[72] Janssen O, Van Yperen N W. Employeesgoal orientations, the quality of leader-member exchange, and the outcomes of job performance and job satisfaction [J]. Academy of management journal, 2004, 47 (3): 68-384.

[73] Jensen S M, Luthans F. Entrepreneurs as authentic leaders: impact on employees' attitudes [J]. Leadership and organization development journal, 2006, 27 (7-8): 646-666.

[74] Jensen S M, Luthans F. Relationship between entrepreneurs' psychological capital and their authentic leadership [J]. Journal of Managerial Issues, 2006, 18 (2): 254-273.

[75] Judge T A, Bono J E. Relationship of core self-evaluations traits—self-esteem, generalized self-efficacy, locus of control, and emotional stability—with job satisfaction and job performance: a meta-analysis [J]. Journal of applied Psychology, 2001, 86 (1): 80.

[76] Kanfer R, Wanberg C R, Kantrowitz T M. Job search and employment: a personality - motivational analysis and meta - analytic review [J]. Journal of applied psychology, 2001, 86 (5): 837 -855.

[77] Kernis M H, Goldman B M. A multicomponent conceptualization of authenticity: theory and research [C] // Zanna M P. Advances in experimental social psychology. San Diego: Academic Press, 2006, 38: 283-357.

[78] Kernis M H. Toward a conceptualization of optimal self-esteem [J]. Psychological inquiry, 2003, 14 (1): 1-26.

[79] Kirkman B L, Rosen B. Beyond self-management: antecedents and consequences of team empowerment [J]. Academy of management journal, 1999, 42 (1): 58-74.

[80] Kline R B. Principles and practice of structural equation modeling [M]. New York: The Guilford Press, 1998.

[81] Kopp C B. Antecedents of self-regulation: a developmental perspective [J]. Developmental psychology, 1982, 18: 199-214.

[82] LePine J A, Van Dyne L. Predicting voice behavior in work groups [J]. Journal of applied psychology, 1998, 83: 853-868.

[83] Leroy H, Anseel F, Gardner W L, et al. Authentic leadership, authentic followership, basic need satisfaction, and work role performance: a cross-level study [J]. Journal of management, 2015, 41 (6): 1677-1691.

[84] Locke E A, Latham G P. Building a practically useful theory of goal setting and task motivation: a 35-year odyssey [J]. American psychologist, 2002, 57 (9): 705-717.

[85] Luthans F, Avolio B J. Authentic leadership development [C] // K S Cameron, J E Dutton, R E Quinn. Positive organizational scholarship: foundations of a new discipline. San Francisco: Barrett-Koehler, 2003: 241-261.

[86] Luthans K W, Jensen S. The linkage between psychological capital and commitment to organizational mission: a study of nurses [J]. Journal of nursing administration, 2005, 35 (6): 304-3101.

[87] Luyckx K, Goossens L, Soenens B, et al. Unpacking commitment and exploration: preliminary validation of an integrative model of late adolescent identity formation [J]. Journal of adolescence, 2006, 29 (3): 361-378.

[88] Marcia J E. The status of the statuses: research review [M]. New York: Springer, 1993: 22-41.

[89] May D R, Chan A Y, Hodges T D, et al. Developing the moral component of authentic leadership [J]. Organizational dynamics, 2003, 32 (3): 247-260.

[90] Mischel W, Shoda Y. A cognitive-affective system theory of personality: reconceptualizing situations, dispositions, dynamics, and invariance in personality structure [J]. Psychological Review, 1995, 102 (2): 246-268.

[91] Morrison E W. Newcomer information seeking: exploring types, modes, sources, and outcomes [J]. Academy of management journal, 1993, 36 (3): 557-589.

[92] Moshman D. Theories of self and theories as selves: identity in rwanda [J]. Changing conceptions of psychological life, 2004: 183-206.

[93] Muraven M, Baumeister R F. Self-regulation and depletion of limited resources: does self-control resemble a muscle? [J]. Psychological bulletin, 2000, 126: 247-259.

[94] Ohly S, Sonnentag S, Pluntke F. Routinization, work characteristics and their relationships with creative and proactive behaviors [J]. Journal of organizational behavior, 2006, 27 (3): 257-279.

[95] Parker S K, Bindl U K, Strauss K. Making things happen: a model of proactive motivation [J]. Journal of management, 2010, 36 (4): 827-856.

[96] Parker S K, Collins C G. Taking stock: integrating and differentiating multiple proactive behaviors [J]. Journal of management, 2010, 36 (3): 633-662.

[97] Parker S K, Williams H M, Turner N. Modeling the antecedents of proactive behavior at work [J]. Journal of applied psychology, 2006, 91 (3): 636.

[98] Peterson S J, Walumbwa F O, Avolio B J, et al. The relationship between authentic leadership and follower job performance: the mediating role of follower positivity in extreme contexts [J]. Leadership quarterly, 2012, 23: 502-516.

[99] Pillutla M M, Farh J L, Lee C, et al. An investigation of traditionality as a moderator of reward allocation [J]. Group & organization management, 2007, 32: 233-253.

[100] Podsakoff P M, MacKenzie S B, Lee J Y, et al. Common method biases in behavioral research: a critical review of the literature and recommended remedies [J]. Journal of applied psychology, 2003, 88 (5): 879.

[101] Porath C, Spreitzer G, Gibson C, et al. Thriving at work: toward its measurement, construct validation, and theoretical refinement [J]. Journal of organizational behavior, 2012, 33 (2): 250-275.

[102] Rank J, Carsten J M, Unger J M, et al. Proactive customer service performance: relationships with individual, task, and leadership variables [J]. Human performance, 2007, 20 (4): 363-390.

[103] Rego A, Sousa F, Marques C, et al. Authentic leadership promoting employees' psychological capital and creativity [J]. Journal of business research, 2012, 65: 429--437.

[104] Rego A, Sousa F, Marques C, et al. Hope and positive affect medi-

ating the authentic leadership and creativity relationship [J]. Journal of business research, 2014, 67: 200-210.

[105] Ren J, Hu L Y, Zhang H Y, et al. Implicit positive emotion counteracts ego depletion [J]. Social behavior and personality, 2010, 38: 919-928.

[106] Ryan R M, Deci E L. Self-determination theory and the facilitation of intrinsic motivation, social development, and well-being [J]. American psychologist, 2000, 55 (1): 68.

[107] Scheier M F, Weintraub J K, Carver C S. Coping with stress: divergent strategies of optimists and pessimists [J]. Journal of personality and social psychology, 1986, 51 (6): 1257-1264.

[108] Seibert S E, Kraimer M L, Crant J M. What do proactive people do? a longitudinal model linking proactive personality and career success [J]. Personnel psychology, 2001, 54: 845-874.

[109] Seligman M E P, Csikszentmihalyi M. Positive psychology: an introduction [J]. American Psychological Association, 2000.

[110] Settoon R P, Mossholder K W. Relationship quality and relationship context as antecedents of pesron—and task—focused interpersonal citizenship behavior [J]. Jounal of applied psychology, 2002, 87 (2): 255-267.

[111] Shamir B, House R J, Arthur M B. The motivational effects of charismatic leadership: a self-concept based theory [J]. Organization science, 1993, 4 (4): 577-594.

[112] Shoda Y, Michel W. Toward a unified, intra-individual, dynamic conception of personality [J]. Journal of personality research, 1996, 30 (3): 414-428.

[113] Sonnentag S. Recovery, work engagement, and proactive behavior: a new look at the interface between nonwork and work [J]. Journal of applied psychology, 2003, 88 (3): 518.

[114] Snyder C R. Hope theory: rainbows in the mind [J]. Psychological inquiry, 2002, 13 (4): 249-275.

[115] Strauss K, Griffin M A, Parker S K. Future work selves: how salient hoped-for identities motivate proactive career behaviors [J]. Journal of applied psychology, 2012, 97 (3): 580.

[116] Swietlik E. The reacting or proactive personality? [J]. Studia Socjo-

logiczne. 1968, 2: 209-218.

［117］Tate B. A longitudinal study of the relationships among self-monitoring, authentic leadership, and perceptions of leadership［J］. Journal of leadership and organizational studies, 2008, 15: 16-29.

［118］Tettegah S. Teachers, identity, psychological capital and electronically mediated representations of cultural consciousness［C］//ED - MEDIA 2002. World conference on educational multimedia, hypermedia and telecommunications. Denver: Association for the advancement of computing in Education, 2002 (1): 1946-1947.

［119］Thompson J A. Proactive personality and job performance: a social capital perspective［J］. Journal of applied psychology, 2005, 90: 1011-1017.

［120］Tice D M, Baumeister R F, Shmueli D, et al. Restoring the self: positive affect helps improve self-regulation following ego depletion［J］. Journal of experimental social psychology, 2007, 43: 379-384.

［121］Trilling L. Sincerity and authenticity［M］. Cambridge: Harvard University Press, 1972.

［122］Van Dyne L, Cummings L L, Mclean P J. Extra-role behaviors: in pursuit of constructs and definitional clarity (a bridge over muddied waters)［M］// L L Cummings, B M Staw. Research in organizational behavior. Greenwich: JAI Press, 1995: 215-285.

［123］Walumbwa F O, Avolio B J, Gardner W L, et al. Authentic leadership: development and validation of a theory-based measure［J］. Journal of management, 2008, 34: 89-126.

［124］Walumbwa F O, Luthans F, Avey J B, et al. Authentically leading groups: the mediating role of collective psychological capital and trust［J］. Journal of organizational behavior, 2011, 32: 4-24.

［125］Walumbwa F O, Wang P, Wang H, et al. Psychological processes linking authentic leadership to follower behaviors［J］. Leadership quarterly, 2010, 21: 901-914.

［126］Wanberg C R, Kammeyer-Mueller J D. Predictors and outcomes of proactivity in the socialization process［J］. Journal of applied psychology, 2000, 85 (3): 373.

［127］Warr P, Fay D. Short report: age and personal initiative at work

[J]. European journal of work and organizational psychology, 2001, 10 (3): 343-353.

[128] Weng Q, McElroy J C, Morrow P C, et al. The relationship between career growth and organizational commitment [J]. Journal of vocational behavior, 2010, 77 (3): 391-400.

[129] Wheeler A R, Halbesleben J R B, Whitman M V. The interactive effects of abusive supervision and entitlement on emotional exhaustion and co-worker abuse [J]. Journal of occupational and organizational psychology, 2013, 86 (4): 477-496.

[130] Whitehead G. Adolescent leadership development: building a case for an authenticity framework [J]. Educational management administration and leadership, 2009, 37: 847-872.

[131] Wrzesniewski A, McCauley C, Rozin P, et al. Jobs, careers, and callings: people's relations to their work [J]. Journal of research in personality, 1997, 31 (1): 21-33.

[132] Wu C H, Parker S K. The role of attachment styles in shaping proactive behaviour: an intra-individual analysis [J]. Journal of occupational and organizational psychology, 2012, 85 (3): 523-530.

[133] Youssef C M, Luthans F. Resiliency development of organizations, leaders and employees: multi-level theory building for sustained performance [M] //Gardner W L, Avolio B J, Walumbwa F. Monographs in leadership and management: authentic leadership theory and practice. Oxford: Elsevier, 2005: 187-189.

[134] Zhang H, Everett A M, Elkin G, et al. Authentic leadership theory development: theorizing on chinese philosophy [J]. Asia pacific business review, 2012, 18: 587-605.

[135] 邊慧敏, 彭天宇, 任旭林. 共享領導: 知識團隊中領導模式的新發展 [J]. 中國行政管理, 2010 (5): 38-41.

[136] 陳文晶, 時勘. 變革型領導與交易型領導的回顧與展望 [J]. 管理評論, 2007 (9): 22-29.

[137] 陳曉萍, 徐淑英, 樊景立. 組織與管理研究的實證方法 [M]. 北京: 北京大學出版社, 2008: 313-315.

[138] 鄧子鵑, 王勇, 蔣多. 真誠領導與員工組織公民行為的關係研究 [J]. 淮陰工學院學報, 2012 (1): 68-72.

［139］董臨萍. 中國企業情境下魅力型領導風格研究［M］. 上海：華東理工大學出版社，2009.

［140］段陸生. 工作資源、個人資源與工作投入的關係研究［D］. 開封：河南大學，2008.

［141］弗雷德・魯森斯. 組織行為學［M］. 11 版. 王壘，姚翔，童佳瑾，等，譯. 北京：人民郵電出版社，2009.

［142］傅強，段錦雲，田曉明. 員工建言行為的情緒機制：一個新的探索視角［J］. 心理科學進展，2012，20（2）：274-282.

［143］郭瑋，李燕萍，杜旌，等. 多層次導向的真實型領導對員工與團隊創新的影響機制研究［J］. 南開管理評論，2012，15（3）：51-60.

［144］韓翼，楊百寅. 真實型領導：理論、測量與最新研究進展［J］. 科學學與科學技術管理，2009，30（2）：70-175.

［145］韓翼，楊百寅. 真實型領導、心理資本與員工創新行為：領導成員交換的調節作用［J］. 管理世界，2011（12）：78-86.

［146］胡青，王勝男，張興偉，等. 工作中的主動性行為的回顧與展望［J］. 心理科學進展，2011，19（10）：1534-1543.

［147］孔芳，趙西萍. 真實型領導及其與下屬循環互動機制研究［J］. 外國經濟與管理，2010（12）：50-56.

［148］樂國安，紀海英. 班杜拉社會認知觀的自我調節理論研究及展望［J］. 南開學報（哲學社會科學版），2007（5）：118-125.

［149］李超平. 心理資本——打造人的競爭優勢［M］. 北京：機械工業出版社，2007：89.

［150］李超平，田寶，時勘. 變革型領導與員工工作態度：心理授權的仲介作用［J］. 心理學報，2006，38（2）：297-308.

［151］李銳，凌文輇，惠青山. 真誠領導理論與啟示［J］. 經濟管理，2008（5）：47-53.

［152］李先江. 企業營銷創新中真實型領導與創新績效的關係研究［J］. 財經論叢，2011（5）：106-111.

［153］劉芳，汪純孝，張秀娟，等. 飯店管理人員的真誠型領導風格對員工工作績效的影響［J］. 旅遊科學，2010（4）：12-25.

［154］劉靖東，鐘伯光，姒剛彥. 自我決定理論在中國人人群的應用［J］. 心理科學進展，2013（10）：1803-1813.

［155］劉軍，富萍萍，張海娜. 下屬權威崇拜觀念對信心領導過程的影響：來自保險業的證據［J］. 管理評論，2008（1）：26-31.

［156］劉志華，鄭航芝. 校長誠信領導對初中教師工作投入的影響研究［J］. 華南師範大學學報（社會科學版），2010（2）：50-54.

［157］婁瑋瑜. 角色模糊對主動性行為的影響機制研究［D］. 杭州：浙江大學，2011.

［158］陸洛，高旭繁，陳芬憶. 傳統性、現代性及孝道觀念對幸福感的影響：一項親子對偶設計［J］. 本土心理學研究（臺灣），2006（25）：243-278.

［159］盧紋岱. SPSS for windows 統計分析［M］. 北京：電子工業出版社，2002.

［160］羅東霞，關培蘭. 國外誠信領導研究前沿探析［J］. 外國經濟與管理，2008（11）：27-34.

［161］羅瑾璉，趙佳，張洋. 知識團隊真實型領導對團隊創造力的影響及作用機理研究［J］. 科技進步與對策，2013，30（8）：152-156.

［162］孟昭蘭. 情緒心理學［M］. 北京：北京大學出版社，2005.

［163］譚樹華，許燕，王芳，等. 自我損耗：理論、影響因素及研究走向［J］. 心理科學進展，2012（5）：715-725.

［164］田喜洲，謝晉宇. 心理資本對接待業員工工作態度與行為的影響效應與機理［J］. 軟科學，2010，24（5）：111-114.

［165］王立. 員工工作友情、心理資本與建言行為關係研究［D］. 長春：吉林大學，2011.

［166］王勇，陳萬明. 企業真誠型領導的結構維度研究［J］. 華東經濟管理，2012（7）：98-101.

［167］王勇，陳萬明. 真誠領導感知、心理資本與工作嵌入關係研究［J］. 華東經濟管理，2013（5）：123-127.

［168］韋慧民，潘清泉. 依託主動性行為激發的人性化與規範化管理［J］. 中國人力資源開發，2012（9）：29-33.

［169］魏昕，張志學. 上級何時採納促進性或抑制性進言？——上級地位和下屬專業度的影響［J］. 管理世界，2014（1）：132-143.

［170］溫瑤，甘怡群. 主動性人格與工作績效：個體-組織匹配的調節作用［J］. 應用心理學，2008，14（2）：118-128.

［171］溫忠麟，侯杰泰，馬什，等. 結構方程模型檢驗：擬合指數與卡方準則［J］. 心理學報，2004，36（2）：186-194.

［172］溫忠麟，葉寶娟. 仲介效應分析：方法和模型發展［J］. 心理科學進展，2014（5）：731-745.

[173] 溫忠麟, 葉寶娟. 有調節的仲介模型檢驗方法：競爭還是替補？[J]. 心理學報, 2014 (5)：714-726.

[174] 溫忠麟, 張雷, 侯杰泰. 有仲介的調節變量和有調節的仲介變量 [C] //中國心理學會. 第十屆全國心理學學術大會論文摘要集. 中國心理學會, 2005.

[175] 溫忠麟, 張雷, 侯杰泰, 等. 仲介效應檢驗程序及其應用 [J]. 心理學報, 2004, 36 (5)：614.

[176] 吳隆增, 曹昆鵬, 陳苑儀, 等. 變革型領導行為對員工建言行為的影響研究 [J]. 管理學報, 2011, 8 (1)：61-66.

[177] 吳隆增, 劉軍, 劉剛. 辱虐管理與員工表現：傳統性與信任的作用 [J]. 心理學報, 2009, 41：510-518.

[178] 吳敏, 黃旭, 徐玖平, 等. 交易型領導、變革型領導與家長式領導行為的比較研究 [J]. 科研管理, 2007 (5)：168-176.

[179] 吳明隆. 統計分析方法叢書 [M]. 重慶：重慶大學出版社, 2010：159-160.

[180] 吳明隆. 問卷統計分析實務——SPSS 操作與應用 [M]. 重慶：重慶大學出版社, 2010.

[181] 吳明隆. 結構方程模型——AMOS 的操作與應用 [M]. 重慶：重慶大學出版社, 2010.

[182] 向常春, 龍立榮. 組織中信息尋求的動機及其影響因素 [J]. 心理科學進展, 2012, 20 (2)：283-291

[183] 謝衡曉. 誠信領導的內容結構及其相關研究 [D]. 廣州：暨南大學, 2007.

[184] 薛憲方, 王重鳴. 員工工作倦怠對其個人主動性行為的影響過程研究 [J]. 應用心理學, 2009 (1)：30-36.

[185] 楊國樞, 文崇一, 吳聰賢, 等. 社會及行為科學研究法 [M]. 13 版. 重慶：重慶大學出版社, 2006：333-335.

[186] 楊英, 李偉. 心理授權對個體創新行為的影響——同事支持的調節作用 [J]. 中國流通經濟, 2013 (3)：83-89.

[187] 楊中芳. 傳統文化與社會科學結合之實例：中庸的社會心理學研究 [J]. 中國人民大學學報, 2009 (3)：53-60.

[188] 詹鋆, 任俊. 自我控制與自我控制資源 [J]. 心理科學進展, 2012 (9)：1457-1466.

[189] 張桂平, 廖建橋. 國外員工主動行為研究新進展探析 [J]. 外

國經濟與管理，2011，33（3）：58-64.

［190］張建，郭德俊. 企業員工工作動機的結構研究［J］. 應用心理學，2003（1）：3-8.

［191］張劍，張建兵，李躍，等. 促進工作動機的有效路徑：自我決定理論的觀點［J］. 心理科學進展，2010，18（5）：752-759.

［192］張姝玥，許燕，王芳. 工作要求、工作資源對警察的工作倦怠和工作投入的預測作用［J］. 中國健康心理學雜誌，2007，15（1）：14-16.

［193］張振剛，李雲健，餘傳鵬. 員工的主動性人格與創新行為關係研究——心理安全感與知識分享能力的調節作用［J］. 科學學與科學技術管理，2014，35（7）：171-180.

［194］仲理峰. 心理資本對員工的工作績效、組織承諾及組織公民行為的影響［J］. 心理學報，2007（2）：328-334.

［195］周浩，龍立榮. 變革型領導對下屬進諫行為的影響：組織心理所有權與傳統性的作用［J］. 心理學報，2012（44）：388-399.

［196］周浩，龍立榮. 共同方法偏差的統計檢驗與控製方法［J］. 心理科學進展，2004，12（6）：942-950.

［197］周紅梅，郭永玉. 自我同一性理論與經驗研究［J］. 心理科學進展，2006，14（1）：133-137.

［198］周蕾蕾. 企業誠信領導對員工組織公民行為影響研究［D］. 武漢：武漢大學，2010.

附錄

附錄1：訪談提綱

1. 介紹一下你的個人基本情況：性別、年齡、學歷、在該公司的工作年限、崗位及所在的部門。

2. 你對你的直接上司的領導風格和領導方式有什麼樣的看法？你最看重他哪幾點領導品質或領導行為？

3. 領導的實事求是、敢於擔當、自知之明、鼓舞下屬、誠信可靠、道德榜樣等品質重要嗎？談談你的想法？

4. 你在工作中會積極主動嗎？或者去實施主動行為？你怎麼理解工作中的主動行為？能否告訴我你的一次成功實施主動行為的經歷？實施的情景是怎樣的？

5. 你是否會為更好地完成本職工作而想方設法去設定一些目標或制訂工作計劃？甚至做一些不屬於自己職責範圍內的事情？舉例說明一下或者談談當時的情景？

6. 工作中你會真正實施那些有助於提升效率的工作方式或方法嗎？當然，如果失敗了你會從中汲取教訓嗎？

7. 工作中哪些情景或原因會促使你實施主動行為？你的上司對你實施主動行為有影響嗎？具體來說，他/她的哪些行為或特徵會影響你的工作主動性？為什麼？

8. 工作中你與同事的關係怎麼樣？容易相處嗎？在工作中你若積極主動，他/她會持什麼態度？

9. 你覺得工作中積極主動或實施主動行為需要自身具備哪些素質或能力？你覺得自信、樂觀、希望這些積極心理對主動行為有影響嗎？

10. 你覺得中國人的傳統價值觀有哪些？這些價值觀對你在工作中的態度和行為會產生影響嗎？談談你的看法？

附錄2：調查問卷

尊敬的先生/女士：

您好！

這是一份純學術研究調查問卷。本問卷旨在瞭解領導對員工行為的影響機理，不涉及任何商業機密或個人隱私，無需署名，答案無對錯之分，所有數據僅以匯總形式出現，不會對您的生活和工作造成任何不利影響，請安心作答。請您仔細閱讀問卷內容，根據您個人的實際情況和真實感受如實填答。如果您對本研究有任何疑問，請撥打電話15803059769。您的參與對我們的研究非常重要，衷心感謝您抽出寶貴時間參與此次調查！

祝您身體健康、萬事如意！

第一部分：背景資料

以下是您的個人基本信息，請根據您自己的實際情況進行填寫。

1. 性別：□男性；□女性
2. 受教育程度：□高中/中專及以下；□大專；□本科；□碩士研究生及以上
3. 年齡：□20歲及以下；□21~25歲；□26~30歲；□31~35歲；□36~40歲；□41歲及以上
4. 您在本單位的工作年限：□1年及以內；□1~3年；□3~5年；□5~7年；□7年及以上
5. 您在本單位的職位：□普通員工；□基層管理者；□中層管理者
6. 您所在的職能部門：□生產；□人事；□財務；□研發；□行政；□營銷；□其他
7. 您所屬的組織性質：□國有企業；□民營企業；□合資企業；□事業單位；□其他
8. 您的收入水平：□1,001~1,500元/月；□1,501~2,000元/月；□2,001~3,000元/月；□3,001~5,000元/月；□5,001元/月及以上

第二部分：測量問卷

【A】下面題項描述了您的直接上級/主管與您在互動中的行為表現，請根據您自己的實際情況和真實感受，對下列各項陳述的符合程度做出評定，並在右側「非常不符合」至「非常符合」五等級的相應數字上劃「√」。

序號	題項內容	非常不符合	不符合	不確定	符合	非常符合
1.	他/她能實事求是，如實評價下屬。	1	2	3	4	5
2.	他工作中觀點清晰，不含糊其辭。	1	2	3	4	5
3.	他/她敢於承認自己的錯誤。	1	2	3	4	5
4.	他/她會流露真實情感。	1	2	3	4	5
5.	他/她鼓勵大家暢所欲言。	1	2	3	4	5
6.	他/她有自知之明（知道自己的優缺點）。	1	2	3	4	5
7.	他/她瞭解下屬如何看待他/她的能力。	1	2	3	4	5
8.	他/她瞭解其作為領導的影響力。	1	2	3	4	5
9.	他/她言行一致。	1	2	3	4	5
10.	他/她做出的決定符合其內在價值觀或個人信念。	1	2	3	4	5
11.	他/她在面臨艱難決策時能體現一定的道德水平。	1	2	3	4	5
12.	他/她鼓勵下屬發表意見，包括反對意見。	1	2	3	4	5
13.	他/她在做決策前會聽取下屬的意見。	1	2	3	4	5
14.	他/她在做決策前會分析外界客觀數據。	1	2	3	4	5

【B】下面題項描述了您在工作中的一些行為表現，請根據您自己的實際情況和真實感受，對下列各項陳述的符合程度做出評定，並在右側「非常不符合」至「非常符合」五等級的相應數字上劃「√」。

序號	題項內容	非常不符合	不符合	不確定	符合	非常符合
1.	工作中我會設想如何更好地完成本職工作。	1	2	3	4	5
2.	工作中我會想方設法提升工作效率。	1	2	3	4	5
3.	工作中我會想方設法改善客戶服務。	1	2	3	4	5
4.	在改變工作方法或工作方式前，我會在腦海裡設計出不同的情景。	1	2	3	4	5
5.	工作中在為領導或同事提出建議前我會先調整好自己的情緒。	1	2	3	4	5

序號	題項內容	非常不符合	不符合	不確定	符合	非常符合
6.	在決定如何行動前，我會從不同的角度設想相關變革情景。	1	2	3	4	5
7.	工作中我會改變工作方法或工作方式。	1	2	3	4	5
8.	工作中我會嘗試更高效的工作方法。	1	2	3	4	5
9.	工作中我會產生一些提升工作效率的想法。	1	2	3	4	5
10.	我會從改變工作方法中不斷汲取教訓。	1	2	3	4	5
11.	改變工作方法的同時，我也會關注這些行為帶來的影響。	1	2	3	4	5

【C】下面題項描述了您在工作中的一些心理感受，請根據您自己的實際情況和真實感受，對下列各項陳述的符合程度做出評定，並在右側「非常不符合」至「非常符合」五等級的相應數字上劃「√」。

序號	題項內容	非常不符合	不符合	不確定	符合	非常符合
1.	我相信自己能分析長遠的問題，並找到解決方案。	1	2	3	4	5
2.	與管理層開會過程中，在陳述自己工作範圍內的事情時我很自信。	1	2	3	4	5
3.	我相信自己對公司戰略的討論有貢獻。	1	2	3	4	5
4.	在我的工作範圍內，我相信自己能夠幫助設定目標。	1	2	3	4	5
5.	我相信自己能與公司外部的人（如供應商、客戶）聯繫並討論問題。	1	2	3	4	5
6.	我相信自己能夠向一群同事陳述信息。	1	2	3	4	5
7.	如果我發現自己在工作中陷入了困境，我能想出辦法擺脫出來。	1	2	3	4	5
8.	目前，我在精力飽滿地完成自己的工作目標。	1	2	3	4	5
9.	任何問題都有很多解決方法。	1	2	3	4	5
10.	眼前，我認為自己在工作上相當成功。	1	2	3	4	5
11.	我能想出很多辦法來實現我目前的工作目標。	1	2	3	4	5
12.	目前，我正在實現我為自己設定的工作目標。	1	2	3	4	5

序號	題項內容	非常不符合	不符合	不確定	符合	非常符合
13.	在工作中遇到挫折時，我可以很快從中恢復過來並繼續前進。	1	2	3	4	5
14.	在工作中，如果不得不去做，可以說，我也能獨立應戰。	1	2	3	4	5
15.	我通常對工作中的壓力能泰然處之。	1	2	3	4	5
16.	因為以前經歷過很多磨難，所以我現在能挺過工作上的困難。	1	2	3	4	5
17.	在我目前的工作中，我感覺自己能同時處理很多事情。	1	2	3	4	5
18.	對自己的工作，我總是看到事情光明的一面。	1	2	3	4	5
19.	對我的工作未來會發生什麼，我是樂觀的。	1	2	3	4	5
20.	在我目前的工作中，事情很少像我希望的那樣發展。	1	2	3	4	5
21.	工作時，我總相信黑暗的背後就是光明，不用悲觀。	1	2	3	4	5

【D】下面題項描述了您的日常習慣與做事方式，請根據您自己的實際情況和真實感受，對下列各項陳述的符合程度做出評定，並在右側「非常不符合」至「非常符合」五等級的相應數字上劃「√」。

序號	題項內容	非常不符合	不符合	不確定	符合	非常符合
1.	要避免發生錯誤，最好的辦法是聽從長者（父母或領導）的話。	1	2	3	4	5
2.	父母的要求即使不合理，子女也應照著去做。	1	2	3	4	5
3.	即使工作不順心，也要努力承受，安分於自己的職業。	1	2	3	4	5
4.	男性在社會上起主導作用，而且在工作上總是比女性做得好。	1	2	3	4	5
5.	國家領導人像一家之主，公民應當服從他在國家問題上的決定	1	2	3	4	5

【E】下面題項描述了您工作中獲取的同事支持，請根據您自己的實際情況和真實感受，對下列各項陳述的符合程度做出評定，並在右側「非常不符合」至「非常符合」五等級的相應數字上劃「√」。

序號	題項內容	非常不符合	不符合	不確定	符合	非常符合
1.	我身邊的同事容易相處。	1	2	3	4	5
2.	遇到棘手任務時，我相信同事能夠幫我解決問題。	1	2	3	4	5
3.	同事願意傾聽我提出的問題，並願意提供幫助。	1	2	3	4	5
4.	在工作團隊中，成員間能夠相互信賴。	1	2	3	4	5

國家圖書館出版品預行編目(CIP)資料

誠信領導對下屬主動行為影響機理研究 / 崔子龍 著. -- 第一版. -- 臺北市：財經錢線文化出版：崧博發行, 2018.12

面 ； 公分

ISBN 978-957-680-299-7(平裝)

1.企業領導

494.2　　　107019303

書　名：誠信領導對下屬主動行為影響機理研究
作　者：崔子龍 著
發行人：黃振庭
出版者：財經錢線文化事業有限公司
發行者：崧博出版事業有限公司
E-mail：sonbookservice@gmail.com
粉絲頁　　　　　　網　址：
地　址：台北市中正區延平南路六十一號五樓一室
8F.-815, No.61, Sec. 1, Chongqing S. Rd., Zhongzheng Dist., Taipei City 100, Taiwan (R.O.C.)
電　話：(02)2370-3310　傳　真：(02) 2370-3210
總經銷：紅螞蟻圖書有限公司
地　址：台北市內湖區舊宗路二段 121 巷 19 號
電　話：02-2795-3656　　傳真：02-2795-4100　網址：
印　刷：京峯彩色印刷有限公司（京峰數位）

　　本書版權為西南財經大學出版社所有授權崧博出版事業有限公司獨家發行電子書及繁體書繁體版。若有其他相關權利及授權需求請與本公司聯繫。

定價：450元

發行日期：2018 年 12 月第一版

◎ 本書以POD印製發行